Ernst Probst

20 Säugetiere aus der Urzeit

Vom Urpferdchen bis zum Mammut
und Wollnashorn

*Meinen Enkelkindern
Max, Paula, Jana und Tom gewidmet*

Impressum:
20 Säugetiere aus der Urzeit
Autor: Ernst Probst
Im See 11, 55246 Mainz-Kostheim
Telefon: 06134/21152
E-Mail: ernst.probst (at) gmx.de
Herstellung: Amazon Distribution GmbH, Leipzig
Alle Rechte vorbehalten
ISBN: 979-8-567-66712-5

Inhaltsverzeichnis

Willkommen in der Welt der Säugetiere! / Seite 5
Urpferdchen kleiner als eine Hauskatze / Seite 11
Das sechshörnige „Ungeheuer von Uinta" / Seite 15
Paraceratherium wog so viel wie vier Elefanten / Seite 19
Der „Mühldorfer Urelefant" *Gomphotherium* / Seite 23
Das „Schreckenstier" von Eppelsheim / Seite 25
Amphicyon, der „zweifelhafte Hund" / Seite 31
Chalicotherium: das Huftier mit Krallenfüßen / Seite 35
Der Säbelzahntiger *Machairodus* jagte am Ur-Rhein / Seite 39
Palorchestes war kein „alter Springer" / Seite 45
Diprotodon sah aus wie ein Nashorn ohne Horn / Seite 49
Das rätselhafte Leben von *Macrauchenia* / Seite 51
Gigantopithecus und „King Kong" / Seite 54
Das Faultier *Megatherium* lebte auf dem Boden / Seite 57
Thylacoleo erdolchte seine Beute / Seite 61
Glyptodon lebte trotz Panzer nicht ganz sicher / Seite 65
Der Höhlenbär: ein Raubtier, das Pflanzen fraß / Seite 69
Megaloceros trug ein zentnerschweres Geweih / Seite 73
Der Höhlenlöwe suchte selten eine Höhle auf / Seite 76
Das Mammut war ein kleiner Elefant / Seite 81
Als man das Wollnashorn für einen Drachen hielt / Seite 85
Großes Quiz / Seite 87
Literatur / Seite 94
Register / Seite 97
Der Autor / Seite 107

Lebensbild des Riesenlaufvogels *Gastornis*.
Bild: Fritz Wendler (1941–1995)
für das Buch „Deutschland in der Urzeit" (1986)
von Ernst Probst

Willkommen in der Welt der Säugetiere!

Der Einschlag eines Himmelskörpers oder verheerende Vulkanausbrüche oder beides zusammen rafften gegen Ende der Kreidezeit vor 65 Millionen Jahren auf der Erde viele Tiere hinweg. Es starben die nicht vogelartigen Dinosaurier, alle Vögel mit Zähnen sowie sämtliche Flugsaurier und großen Meeressaurier aus. In der Folgezeit entwickelten sich auf dem Festland die Säugetiere, die zuvor im Schatten der Dinosaurier gelebt hatten, zu neuen Herren auf unserem „Blauen Planeten". Den Vögeln, die heute als überlebende befiederte Dinosaurier gelten, gelang dies nicht.

Im Paläozän vor 65 bis 56 Millionen Jahren wurden die Säugetiere noch nicht so groß wie in späteren Epochen. Manche Halbaffen hatten nur die Größe von Eichhörnchen. Der damalige kleine Pelzflatterer *Planetetherium* aus Nordamerika mit 25 Zentimeter Länge konnte beim Sprung von Bäumen herab Flughäute ausspannen und zu Boden segeln. Räuberische Ur-Huftiere erreichten das Format von Schäferhunden. Sehr imposant wirkte dagegen der mehr als zwei Meter große pflanzenfressende Riesenlaufvogel *Gastornis*.

Im Eozän, dem „Zeitalter der Morgenröte", vor 56 bis 33 Millionen Jahren, erlebten die Säugetiere einen ungeheuren Aufschwung. Faszinierende Einblicke in die Welt der Säugetiere dieser Epoche erlauben Funde aus der Grube Messel, einem ehemaligen Ölschiefer-Tagebau bei Darmstadt in Hessen. Dort barg man Fossilien von Beuteltieren, Insektenfressern, Nagetieren, Schuppentieren, Halbaffen, Ur-

Raubtieren, modernen Raubtieren, Fledermäusen, Unpaarhufern (darunter Tapirverwandte und Urpferdchen) sowie Paarhufern. Im Eozän lebten beispielsweise das Urpferdchen *Hyracotherium*, das nur so klein wie eine heutige Hauskatze war, das 1,60 Meter hohe *Uintatherium* („Ungeheuer von Uinta") mit sechs Hörnern und das fünf Meter große nashornartige *Paraceratherium*, welches als größtes Landtier aller Zeiten gilt.

Vom Oligozän vor 33 Millionen Jahren bis zum Pliozän vor 3,6 Millionen Jahren behauptete sich unter anderem der drei Meter hohe Ur-Elefant *Gomphotherium* mit vier Stoßzähnen in vier Erdteilen. Einer der am besten erhaltenen Funde wurde in Bayern geborgen.

Ihre größte Artenvielfalt erreichten die Säugetiere im Miozän vor 23 bis 5,3 Millionen Jahren. Damals existierten beispielsweise der räuberische Bärenhund *Amphicyon*, der Hauer-Elefant *Deinotherium*, das krallenfüßige Huftier *Chalicotherium*, der löwengroße Säbelzahntiger *Machairodus*, das rindergroße Beuteltier *Palorchestes*, das kamelgroße *Macrauchenia* und der riesige Menschenaffe *Gigantopithecus*.

Bereits im Pliozän vor 5,3 bis 2,6 Millionen Jahren und im nachfolgenden Eiszeitalter kamen das über drei Meter hohe und bis zu sechs Meter lange Riesenfaultier *Megatherium* sowie das Riesengürteltier *Glyptodon* vor. Beim *Megatherium* handelte es sich um die größte Gattung der Faultiere.

Zur Tierwelt des von starken Klimaschwankungen geprägten Eiszeitalters vor 2,6 Millionen bis 11.700 Jahren gehörten der Beutellöwe *Thylacoleo*, das größte Beuteltier namens *Diprotodon*, das Wollnashorn, der Höhlenbär, der Riesenhirsch *Megaloceros*, der Höhlenlöwe und das Wollhaar-Mammut. Gegen Ende des Eiszeitalters ereignete sich ein Massenaussterben von großen Säugetieren. Diesem fielen auch das Wollnashorn, der Riesenhirsch, der Höhlenbär und das Mammut zum Opfer.

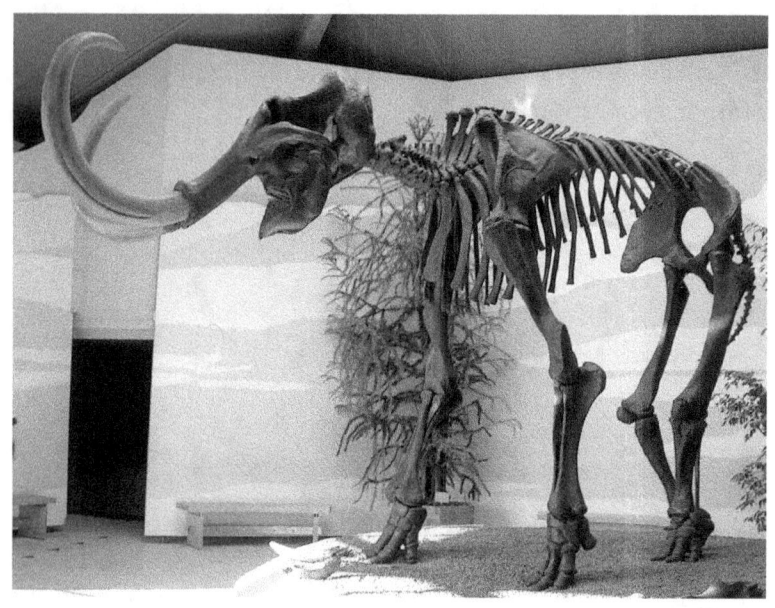

*Skelettrekonstruktion eines Mammuts
im Südostbayerischen Naturkunde- und Mammut-Museum
Siegsdorf in Siegsdorf (Bayern).
Foto: Lou.gruber (via Wikimedia Commons),
Lizenz: gemeinfrei (Public domain)*

So entsteht ein Fossil

Überreste gestorbener Tiere bleiben nur in Ausnahmefällen erhalten. Das ist dann möglich, wenn der Körper des toten Lebewesens bald nach dem Absterben durch Schlamm oder Sand bedeckt wird. Zwar zersetzt sich in diesem Fall der Weichkörper, aber die Hartteile werden nun vor Zerstörung bewahrt. Die größte Chance, der Nachwelt als Fossilien erhalten zu bleiben, besitzen Pflanzen und Tiere, die einst in Meeren, Seen und Flüssen existiert haben. Ein komplettes Skelett eines Fisches, Amphibiums, Reptils, Vogels oder Säugetieres bleibt nur dann erhalten, wenn der Tierkörper nach dem Tod an seinem Sterbeort liegen bleibt, eingebettet wird und so völlig ungestört versteinern kann. Manche Insekten verfingen sich einst in klebrigem Baumharz und sind heute in Bernstein zu bewundern. Bei Mammutleichen, die im Dauerfrostboden von Sibirien konserviert wurden, sind außer Knochen und Zähnen sogar Haare, Haut, Fleisch und innere Organe erhalten. Außer Körpern und Skeletten können auch Eier, Tierausscheidungen, Schwanz- und Fußabdrücke zum Fossil werden.

*Urpferdchen Hyracotherium (auch Eohippus).
Bild: Heinrich Harder (1858–1935).
Aus: Die 30 Sammelkarten aus Tiere der Urwelt,
Serie III (wahrscheinlich um 1920)*

Urpferdchen kleiner als eine Hauskatze

„Ach, wie süß!" Das werden Sie vielleicht beim Anblick des kleinsten Urpferdchens sagen. Dieser Winzling namens *Hyracotherium* war nur 20 Zentimeter hoch und mitsamt Schwanz ungefähr 60 Zentimeter lang. Zum Vergleich: Eine heutige Hauskatze ist bis zu 35 Zentimeter groß. Ein jetziges Pferd misst bis zur Schulter maximal 150 Zentimeter. *Hyracotherium* lebte im Eozän vor 55,4 bis 48,6 Millionen Jahren in Europa, Nordamerika und Asien.

Der Forscher Richard Owen aus London beschrieb 1841 ein Urpferdchen aus England als *Hyracotherium* („Schliefer-ähnliches Tier"). Denn das nicht komplett erhaltene Skelett erinnerte ihn an ein murmeltiergroßes Tier namens Schliefer, das zur Ordnung der Hyracoidea gehört. Fortan trugen solche Ur-pferdchen aus Europa den Namen *Hyracotherium*.

Dagegen bezeichnete 1876 der amerikanische Forscher Othniel Charles Marsh ein vollständiges Urpferdchen aus Nordamerika als *Eohippus* („Pferd der Morgenröte"). Erst mehr als 100 Jahre später erkannte man, dass *Hyracotherium* und *Eohippus* dasselbe sind. Seitdem gilt wieder der zuerst vorgeschlagene Name *Hyracotherium*.

Dieses kleine Urpferdchen lebte gruppenweise in sumpfigen Wäldern. Es hatte einen kurzen Hals und einen gewölbten Rücken. Seine 44 Zähne mit niedrigen Kronen eigneten sich zum Fressen von weichen Blättern. An den Vorderbeinen befanden sich vier Zehen, aber an den Hinterbeinen nur drei. Damit konnte das Tier gut auf sumpfigem Boden laufen.

Zwischen 50,7 und 41,1 Millionen Jahren existierte in Spanien, Frankreich, England Deutschland und der Schweiz das Urpferdchen *Propalaeotherium* („Vorfahre von *Palaeotherium*"). Es wurde 1849 anhand eines Fundes aus Issel von dem französischen Forscher Paul Gervais erstmals beschrieben. Der Gattung *Propalaeotherium* hat man früher fast ein Dutzend Arten zugeordnet, von denen heute nur noch fünf anerkannt sind. Die größte Form von *Propalaeotherium* war 53 Zentimeter hoch. Zur Gesamtlänge von 90 Zentimetern gehörte der 26 Zentimeter lange Schwanz. Auf dem kurzen Hals saß der bis zu 22 Zentimeter lange keilartig geformte Schädel. Männliche Tiere von *Propalaeotherium* trugen längere Eckzähne als weibliche. Auch *Propalaeotherium* war auf weiche Pflanzennahrung spezialisiert.

Reste von *Propalaeotherium* hat man im Geiseltal bei Halle/Saale (Sachsen-Anhalt), in der Grube Messel bei Darmstadt (Hessen) und im Eckfelder Maar (Rheinland-Pfalz) entdeckt. Im Eckfelder Maar barg man ein Muttertier mit einem ungeborenen Urpferdchen im Leib. Einige der geologisch jüngsten Funde von *Propalaeotherium* kamen bei Egerkingen im Kanton Solothurn (Schweiz) zum Vorschein.

Kleiner und schlanker als *Propalaeotherium* war das 35 Zentimeter hohe und 50 Zentimeter lange Urpferdchen *Eurohippus* mit einem bis zu 16,4 Zentimeter langen Kopf. Dieses Tier trat im Eozän vor 47,4 bis 37,7 Millionen Jahren in Europa auf. Die ersten Funde kamen in Les Brunes bei Argenton-sur-Creuse (Frankreich) zum Vorschein. In der Grube Messel bei Darmstadt hat man bisher mindestens 43 nahezu komplett erhaltene Skelette von *Eurohippus* entdeckt. Acht davon waren Muttertiere mit einem ungeborenen Baby im Leib.

Der deutsche Forscher Jens Lorenz Franzen hat *Eurohippus* 2006 erstmals wissenschaftlich beschrieben. Der von ihm vorgeschlagene Gattungsname *Eurohippus* beruht auf dem Kontinent Europa und dem lateinischen Wort hippus für Pferde. *Eurohippus* hatte kurze Ohren wie ein heutiges Wildpferd, einen Körperbau wie eine Ducker-Antilope und einen quastenförmigen Schwanz.
Untersuchungen des Mageninhaltes von *Eurohippus*-Funden aus der Grube Messel zeigten, was *Eurohippus* fraß. Die Nahrungsreste stammten von Lorbeer-, Feigen-, Myrten-, Hundsgift- und Weinrebengewächsen sowie von Hickorynussbäumen. Demnach gehörten außer Blättern auch Früchte zur Nahrung, zum Beispiel süße Weintrauben.

Weitere Pferde aus der Urzeit

Merychippus („Wiederkäuendes Pferd") aus Nordamerika im Miozän vor 17 bis 11 Millionen Jahren gilt als das erste Pferd, das sich nur von hartem Gras ernährte. Alle Zähne dieses ein Meter hohen Tieres besaßen hohe Kronen und waren mit Zement verstärkt. Im Gegensatz zu seinen Vorfahren, die sich von weichen Blättern ernährt hatten, äste *Merychippus* mit zum Boden geneigtem Kopf. Von den drei Zehen an allen Beinen trug nur die mittlere Zehe das ganze Körpergewicht.

Megahippus („Großes Pferd") im Miozän vor 15 bis 11 Millionen Jahren gilt als das letzte laubfressende Pferd in Nordamerika. Es existierte in einer Zeit, in der die meisten Pferde damit begannen, nur noch Gras zu verzehren. *Megahippus* hatte eine schmale Schnauze, die für Tiere typisch ist, welche weichere Pflanzen (Blätter, Sprossen, Früchte) fressen. Tiere mit breitem Maul gelten als Grasfresser.

Die heutige Gattung *Equus,* zu der alle Pferde, Zebras und Esel gehören, entstand im Pliozän vor 4 Millionen Jahren in Nordamerika. Sie breitete sich über Asien, Afrika und Europa aus. In Nord- und Südamerika starben alle Pferde vor ungefähr 8.000 Jahren aus. Erst vor 400 Jahren wurden Pferde wieder nach Amerika gebracht.

Das sechshörnige „Ungeheuer von Uinta"

Eines der ersten großen Säugetiere nach dem Aussterben der Dinosaurier war das Huftier *Uintatherium*. Es erreichte eine Schulterhöhe von 1,60 Metern, eine Körperlänge von 3,20 Metern und ein Lebendgewicht von 1.500 bis 2.000 Kilogramm. Gelebt hat es im Eozän vor 48,8 bis 45,4 Millionen Jahren in Nordamerika und Ostasien. Seine sechs Hörner auf dem bis zu 85 Zentimeter langen Schädel und zwei imposante säbelartige obere Eckzähne verliehen ihm ein gefährliches Aufsehen.
Männliche Tiere von *Uintatherium* besaßen bis zu 18 Zentimeter lange Eckzähne im Oberkiefer. Wenn man deren äußere Krümmung maß, waren es sogar 30 Zentimeter. Jene eindrucksvollen Eckzähne ragten merklich über den Unterkiefer hinaus und wurden durch Knochenauswüchse am Unterkiefer geschützt. Vielleicht dienten diese gefährlich wirkenden Eckzähne als Waffen. Bei weiblichen Tieren waren die Hörner auf dem Schädel und die oberen Eckzähne kürzer.
Das „Ungeheuer von Uinta" war gar kein Raubtier, sondern ernährte sich von weichen Pflanzen. Hinweise dafür lieferten der Aufbau der Backenzähne und Schleifmuster auf den Kauflächen. Die Pflanzennahrung könnte mit den unteren Schneidezähnen gerupft worden sein. Fehlende Schneidezähne im Oberkiefer deuten auf eine lange und kräftige Zunge hin. Der walzenförmig wirkende Körperbau von *Uintatherium* ähnelte heutigen Nashörnern. Seine Beine waren wesentlich länger und glichen eher Rüsseltieren.

Lebensbild eines Uintatherium.
Bild: Heinrich Harder (1858–1935).
Aus: Die 30 Sammelkarten aus Tiere der Urwelt,
Serie III (wahrscheinlich um 1920)

Die erste gültige wissenschaftliche Beschreibung von *Uintatherium* erfolgte 1872 durch den amerikanischen Forscher Joseph Leidy. Der Gattungsname *Uintatherium* beruht auf den Uinta Mountains (Uinta-Berge) in den amerikanischen Bundesstaaten Utah und Wyoming sowie aus dem griechischen Wort „therion" für Tier. Außer Leidy hatten auch die verfeindeten amerikanischen Forscher Othniel Charles Marsh und Edward Drinker Cope unterschiedliche Gattungsnamen für ein und dasselbe Tier verwendet.

Von 20 Artnamen gelten nur noch zwei

Zwischen 1870 und 1885 hat man mehr als 20 Artnamen für *Uintatherium*-Funde aus Nordamerika vorgeschlagen. Heute sind davon nur zwei Arten gültig: *Uintatherium anceps* aus Nordamerika und *Uintatherium insperatus* aus Ostasien. Ab Beginn der 1980-er Jahre wurden immer öfter Fossilien von *Uintatherium* in Ostasien (China, Innere Mongolei) entdeckt.

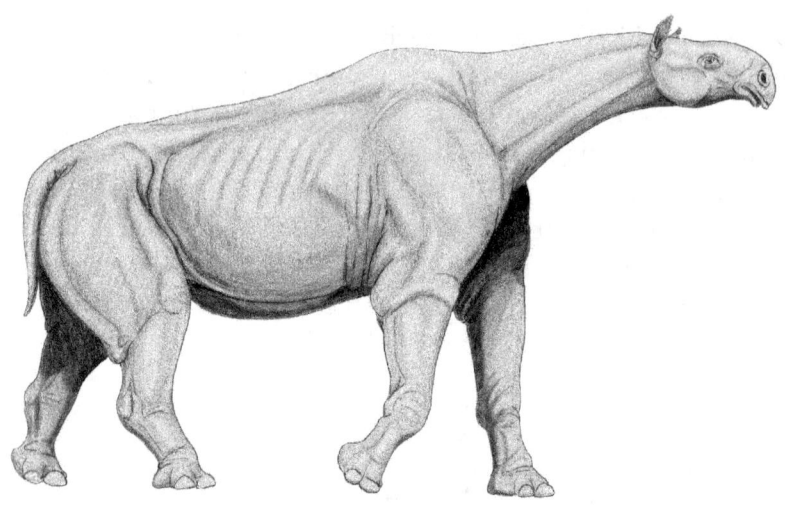

Lebensbild des nashornartigen Paraceratherium.
Bild: Dmitry Bogdanov / CC BY 3.0
(via Wikimedia Commons),
lizensiert unter Creative-Commons-Lizenz by-3.0,
https://creativecommons.org/licenses/by/3.0/legalcode

Paraceratherium wog so viel wie vier Elefanten

Als größtes Landsäugetier aller Zeiten gilt das nashornartige *Paraceratherium*. Dieser bis zu fünf Meter hohe, maximal 8,70 Meter lange und womöglich 24.000 Kilogramm schwere Koloss lebte vom Oligozän vor 38 Millionen Jahren bis zum Miozän vor 20,4 Millionen Jahren in Asien und Südosteuropa. Er wog ungefähr so viel wie vier jeweils 6.000 Kilogramm schwere heutige Afrikanische Elefanten.
Den Gattungsnamen *Paraceratherium* hat 1911 Sir Clive Forster Cooper eingeführt. Er besteht aus den griechischen Wörtern pará (neben), keras (Horn) und therion (Tier) und bezieht sich auf die nahe Verwandtschaft mit Nashörnern. Andere Forscher bezeichneten dieses imposante Tier als *Baluchitherium*, *Indricotherium* oder *Dzungariotherium*. Als Vorfahre des riesenhaften *Paraceratherium* gilt das lediglich ponygroße *Forstercooperia*.
Paraceratherium hatte einen 1,30 Meter langen und bis zu 60 Zentimeter breiten Schädel ohne Horn auf der Nase. Nach der Form seiner Backenzähne zu schließen, ernährte es sich von weichen Blättern. Dank seiner Größe konnte es wie heutige Giraffen in den Kronen von Bäumen weiden.
Die Hals- und Rückenwirbel von *Paraceratherium* wiesen viele Hohlräume auf. Jene Wirbel bestanden fast nur noch aus Verstrebungen. Dies verringerte das Gewicht merklich, ohne dass die Stabilität der Knochen darunter litt. Getragen wurde das Tier von langen elefantenähnlichen Beinen mit jeweils drei Zehen.

*Lebensbild eines Steppenmammuts mit Größenvergleich.
Bild: Kurzon / CC BY-SA 3.0
(via Wikimedia Commons),
lizensiert unter Creative-Commons-Lizenz by-sa-3.0,
https://creativecommons.org/licenses/by-sa/3.0/legalcode*

Reste von *Paraceratherium* hat man in Asien entdeckt, nämlich in Pakistan, Kasachstan, in der Mongolei, China und in der Türkei. Die westlichsten Fundorte liegen in Südosteuropa, nämlich in Rumänien, Montenegro und Bulgarien. Das imposante *Paraceratherium* lebte in offenen Waldlandschaften oder Baumsavannen.

Wegen seiner enormen Größe hatte *Paraceratherium* vermutlich nur wenig Feinde, die ihm gefährlich werden konnten. Bissspuren an einigen Knochenfunden aus den Bugti-Bergen in Pakistan dürften von einem bis zu elf Meter langen Krokodil stammen. Offenbar griffen solche Panzerechsen gelegentlich ein *Paraceratherium* an.

Rekordgewichte von Tieren

Als schwerster Dinosaurier gilt der 40 Meter lange, neun Meter hohe und 100 Tonnen schwere *Argentinosaurus* aus der Kreidezeit vor 110 bis 95 Millionen Jahren.

Das schwerste Meeressäugetier ist der 33 Meter lange Blauwal aus der Gegenwart mit einem Gewicht von 200 Tonnen.

Rekordhalter unter den Elefanten war das 4,70 Meter große und maximal zehn Tonnen schwere Steppenmammut mit bis zu 5,20 Meter langen Stoßzähnen aus dem Eiszeitalter vor 750.000 bis 200.000 Jahren

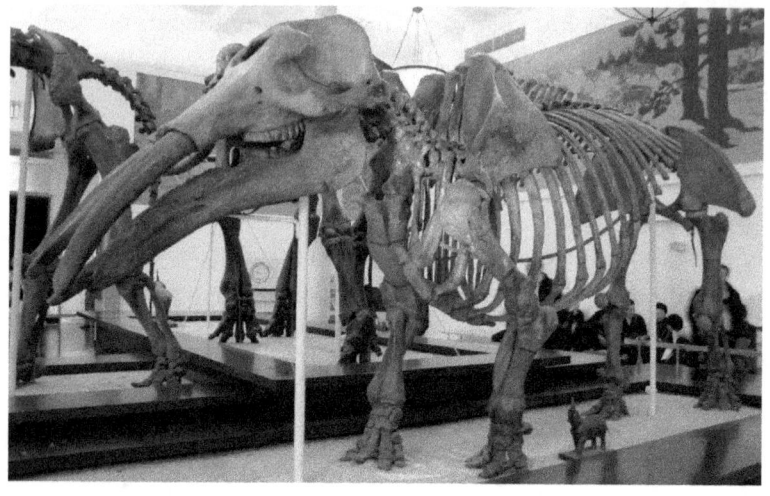

Skelett eines Gomphotherium.
Foto: Ryan Somma / CC BY-SA 2.0 (via Wikimedia Commons),
lizensiert unter Creative-Commons-Lizenz by-sa-2.0,
https://creativecommons.org/licenses/by-sa/2.0/legalcode

Der „Mühldorfer Urelefant"
Gomphotherium

Als einzigartig in Europa gilt der Fund, der 1971 dem Sportangler Heinz Kretschmann aus München am linken Ufer des Inn in Gweng bei Mühldorf in Oberbayern glückte. Er entdeckte dort das zehn Millionen Jahre alte Skelett eines männlichen Rüsseltieres der Gattung *Gomphotherium* mit einer Schulterhöhe von 3,05 Metern und einer Länge von fünf Metern. Vorher hatte man von diesem Rüsseltier nur vereinzelte Knochen und Zähne geborgen.

Das *Gomphotherium* existierte vom Oligozän vor 33,9 Millionen Jahren bis zum Pliozän vor 3,6 Millionen Jahren in Afrika, Europa, Asien und Nordamerika. Der Gattungsname *Gomphotherium* („Wildes Tier") wurde 1837 von dem deutschen Forscher Hermann Burmeister eingeführt. Zeitweise bezeichnete man den Fund am Innufer von 1971 als „Münchner Mastodon". Eine Kopie des Skeletts ist in der Bayerischen Staatssammlung für Paläontologie und Geologie in München ausgestellt. Heute gilt der Begriff *Mastodon* („Zitzenzahn-Elefant") als überholt und spricht man vom „Mühldorfer Urelefant".

Das Lebendgewicht von *Gomphotherium* betrug 3.900 bis 4.700 Kilogramm. Sein Schädel war merklich länger und flacher als bei heutigen Rüsseltieren. Der Unterkiefer erreichte eine Länge von 1,29 Metern. Aus dem Oberkiefer ragten zwei bis zu 1,50 Meter lange Stoßzähne, aus dem Unterkiefer zwei kürzere Stoßzähne. Die Vorderbeine hatten eine Gesamtlänge von fast 2,20 Metern.

Das Milchgebiss von *Gomphotherum* umfasste insgesamt zwölf kleine Vorbackenzähne. Nach den ersten Milchzähnen erfolgten noch fünf Zahnwechsel. Das erwachsene *Gomphotherium* trug nur noch insgesamt vier große Backenzähne, die bis zu 23 Zentimeter lang wurden. Die Backenzähne besaßen niedrige Kronen und ein buckliges Kauflächenmuster. Jeweils zwei Höcker bildeten drei bis fünf Leisten. Mit diesen Backenzähnen fraß das *Gomphotherium* weiche Blätter und harte Gräser.

Das „Schreckenstier"
von Eppelsheim

Das größte Rüsseltier am Ur-Rhein im Miozän vor zehn Millionen Jahren trägt verschiedene Namen. Der Darmstädter Forscher Johann Jakob Kaup bezeichnete es 1829 als „*Deinotherium giganteum*" („Riesiges Schreckenstier") und 1832 als „*Dinotherium*". Weil man Skelettreste dieses Tieres in Ablagerungen des Ur-Rheins in Rheinhessen entdeckte, nannte man es auch „Rhein-Elefant". Wegen seinen nach unten gerichteten hakenförmig gekrümmten „Stoßzähnen" heißt es auch „Hauer-Elefant".

Der „Rhein-Elefant" war bis zu 3,60 Meter hoch, hatte kleine Ohren, ein tapirähnliches Gebiss, einen kurzen Rüssel und lange Beine. Er gilt als Waldbewohner, der weiches Laub und Früchte fraß. Seine Backenzähne sind in Ablagerungen des Ur-Rheins so häufig, dass man diese Dinotheriensande nennt. Mit seinen zwei „Stoßzähnen" im Unterkiefer konnte das Riesentier große Bäume umreissen, um an deren Blätter zu gelangen oder Baumrinde schälen.

Die ersten Entdeckungen von „*Deinotherium*" hielt man irrtümlich für Zähne und Knochen eines Riesentapirs, eines Flusspferdes oder einer Riesenseekuh. Als der Darmstädter Forscher Kaup 1829 als Erster das „Riesige Schreckenstier" wissenschaftlich beschrieb, wusste er nicht, wie dieses seltsame Geschöpf aussah. Denn ihm hatten nur zwei Kieferteile und ein Stoßzahn vorgelegen.

1835 entdeckte der Gießener Forscher August von Klipstein in einer Sandgrube bei Eppelsheim in Rheinhessen den ersten

Lebensbild von Deinotherium.
Bild: Heinrich Harder (1858–1935).
Aus: Die 30 Sammelkarten aus Tiere der Urwelt,
Serie III (wahrscheinlich um 1920)

Oberschädel dieses seltsamen Tieres. Bei der Bergung half ihm sein Freund Kaup. Insgesamt 24 starke Männer zogen den noch vom Gestein umgebenen Oberschädel in die Höhe. Gute Kopien von diesem Fund gelangten in viele Museen. Der Originalfund wird seit 1867 im Londoner Museum of Natural History aufbewahrt.

Die Gattung *Deinotherium* existierte vom Miozän vor 22 Millionen Jahren bis zum Eiszeitalter vor einer Million Jahren in Europa, Asien und Afrika. Insgesamt wurden 30 Arten beschrieben, von denen heute nur noch sieben anerkannt sind. *Deinotherium giganteum* war eine von fünf Rüsseltier-Arten, die vor zehn Millionen Jahren am Ur-Rhein lebte. In Afrika existiert heute nur noch eine einzige Rüsseltier-Art.

Das Dinotherium-Museum

Im rheinhessischen Dorf Eppelsheim bei Alzey informiert das 2001 eröffnete „Dinotherium-Museum" über die exotische Tierwelt am Ur-Rhein vor zehn Millionen Jahren. Eine Attraktion ist der Abguss des *Deinotherium*-Schädels, der 1835 bei Eppelsheim entdeckt und ausgegraben wurde.

*Titelblatt der Veröffentlichung
des Gießener Geologen August von Klipstein (1801–1894) und des
Darmstädter Paläontologen Johann Jakob Kaup (1803–1873)
von 1836 über den im Jahr zuvor
bei Eppelsheim entdeckten Rhein-Elefanten
Deinotherium giganteum.
Dieses Motiv ist eine der frühesten Rekonstruktionen
einer vorzeitlichen Landschaft und Tierwelt.*

Darstellung der Bergung des Deinotherium-Schädels
im Herbst 1835
im Gewann „Jörgenbauer" bei Eppelsheim
in der Veröffentlichung von August von Klipstein
und Johann Jakob Kaup aus dem Jahre 1836.
Kaup überwacht die Bergungsarbeiten in der Grube,
Klipstein prostet ihm oben
mit einer Weinflasche in der Hand zu.

Bärenhund Amphicyon.
Bild: Roman Uchytel
(via Wikimedia Commons9)
Lizenz: gemeinfrei (Public domain)

Amphicyon, der „zweifelhafte Hund"

Eines der größten Raubtiere in Europa im Miozän vor 20,4 bis 15,9 Millionen Jahren war der Bärenhund oder Hundebär *Amphicyon giganteus*. Er wurde 1841 von dem Darmstädter Forscher Johann Jakob Kaup erstmals wissenschaftlich beschrieben. Der Gattungsname *Amphicyon* bedeutet „zweifelhafter Hund". Männchen jener Art erreichten eine Länge von zwei Metern und ein Gewicht von über 300 Kilogramm. Äußerlich glichen diese Tiere einer Mischung aus Bären und Hunden, weshalb man sie Bärenhunde oder Hundebären nennt.

Am Ur-Rhein in Rheinhessen lebten vor zehn Millionen Jahren die Bärenhunde *Agnotherium antiquum* und *Amphicyon eppelsheimensis*. Bei der Namensgebung für einen Fund von *Agnotherium antiquum* bei Eppelsheim war 1833 dem Darmstädter Forscher Kaup klar, dass es sich um ein gefährliches Raubtier handelte. Der Gattungsname *Agnotherium* besteht aus den griechischen Begriffen „agnostos" (unbekannt) und „therion" (wildes Tier). Der 1930 von dem Darmstädter Forscher Karl Weitzel ebenfalls nach einem Fund bei Eppelsheim beschriebene Bärenhund *Amphicyon eppelsheimensis* hatte eine Schulterhöhe von 85 Zentimetern und eine Gesamtlänge von 1,90 Metern. Skelettreste von Bärenhunden entdeckte man nicht nur in Ablagerungen des Ur-Rheins, sondern auch anderswo. Der Bärenhund *Amphicyon* ähnelte einem großen Bären, besaß aber scharfe Zähne wie ein Wolf. Er hatte einen dicken Hals,

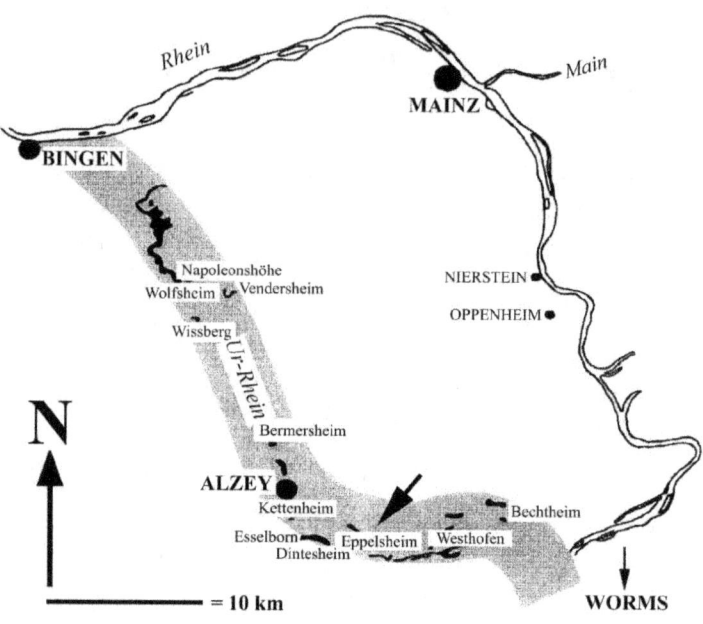

*Rekonstruktion des Verlaufes des Ur-Rheins in Rheinhessen.
Zeichnung von Christine Hemm-Herkner
nach Vorlage von Jens Lorenz Franzen (1937–2018),
zum Teil nach Heinz Tobien (1911–1993) von 1981
und Joachim Bartz (1910–1998) von 1936*

kurze, gedrungene Beine und einen kräftigen Schwanz. Wie ein heutiger Braunbär fraß er Pflanzen und Fleisch. Beutetiere erschlug er mit seinen kräftigen Pranken. Dank seiner kräftigen Muskeln am Schädel und seiner kräftigen Reißzähne zerbiss er sogar große Knochen.

Der Rhein war früher kurz und klein

Vor zehn Millionen Jahren war der Rhein viel kürzer und schmäler als heute. Statt 1.324 Kilometern Länge und maximal 400 Metern Breite wie heute erreichte er damals nur eine Länge von rund 400 Kilometern und eine Breite bis zu 60 Metern. Damals floss er nicht durch die Gegend von Oppenheim, Nierstein, Nackenheim, Mainz und Wiesbaden sondern rund 20 Kilometer westlich davon durch den Raum Alzey. Erst durch Hebungen und Senkungen des Untergrundes verlagerte er sein Bett immer mehr nach Osten.

*Lebensbild des Krallentieres Chalicotherium,
das im Miozän vor etwa 10 Millionen Jahren
an den Ufern des Ur-Rheins lebte.
Zeichnung: Dmitry Bogdanov aus Chelyabinsk (Russland) /
CC BY-SA 3.0 (via Wikimedia Commons),
lizensiert unter Creative-Commons-Lizenz by-sa-3-0,
https://creativecommons.org/licenses/by-sa/3.0/legalcode*

Chalicotherium: das Huftier mit Krallenfüßen

Sein Kopf ähnelte einem Pferd und saß auf einem langen Hals. Seine Körperproportion erinnerte an einen Gorilla oder an ein Riesenfaultier. Seine Vorder- und Hinterfüße endeten mit mächtigen Krallen. So sah eines der merkwürdigsten Säugetiere aus, das jemals in Deutschland existiert hat. Gemeint ist das krallentragende Huftier *Chalicotherium goldfussi*, das im Miozän vor zehn Millionen Jahren am Ur-Rhein lebte. Der 1833 von dem Darmstädter Forscher Johann Jakob Kaup vorgeschlagene Gattungsname *Chalicotherium* bedeutet vielleicht „Tier aus dem Kies" (griechisch: chalyx = Kalk oder Kies). Denn der Fund einer Kralle, die er damals untersucht hatte, war in Ablagerungen des Ur-Rheins bei Eppelsheim in Rheinhessen zum Vorschein gekommen. Mit dem Artnamen goldfussi ehrte er den deutschen Forscher Georg August Goldfuß.

Anfangs deutete Kaup die Kralle fälschlicherweise als Rest des „Riesigen Schreckenstieres" *(Deinotherium giganteum)*, das er 1829 benannt hatte und in Wirklichkeit ein Rüsseltier war. 1841 schrieb er die Kralle einem Riesenschuppentier zu, das sich von Ameisen ernährte. Spätere Funde von anderen Orten verrieten, dass es sich um ein Tier handelte, das wie eine Mischung zwischen Pferd und Faultier ausgesehen haben könnte und Krallen trug.

Wenn sich ein männliches *Chalicotherium* aufrichtete, um an Blätter von Sträuchern oder Bäumen zu gelangen, ragte es drei Meter hoch. Sein Skelett und seine Backenzähne waren

*Oberes Gebiss (Backenzähne) von Chalicotherium goldfussi
von Nikolsburg (Mikulov) in Mähren.
Dieser Fund wurde in dem Buch
„Lebensbilder aus der Tierwelt der Vorzeit" (1927)
von Othenio Abel (1875–1946) abgebildet.*

typisch für ein pflanzenfressendes Huftier. Seine Vorderbeine waren viel länger als die Hinterbeine. Deshalb hatte das Tier einen schräg abfallenden Rücken. Wahrscheinlich ging das *Chalicotherium* wie ein Gorilla oder ein Schimpanse auf den Knöcheln. Die drei großen Krallen an jedem Fuß könnten als Verteidigungswaffen gegen Säbelzahntiger oder Bärenhunde gedient haben.

Die Gattung *Chalicotherium* behauptete sich im Miozän vor 16 bis 7,75 Millionen Jahren in Europa, Asien und Afrika. Man unterscheidet sieben verschiedene Arten.

Erste Modelle von *Chalicotherium*

Im Naturhistorischen Museum Basel sind zwei lebensnahe Modelle des Krallentieres *Chalicotherium* zu bewundern. Sie gelten weltweit als die ersten Modelle dieser Gattung. Ein Krallentier steht hoch aufgerichtet, lehnt sich mit den Vorderarmen an einen Baumstamm und frisst Blätter. Das andere Tier stützt sich mit seinen langen Vorderarmen vom Boden ab.

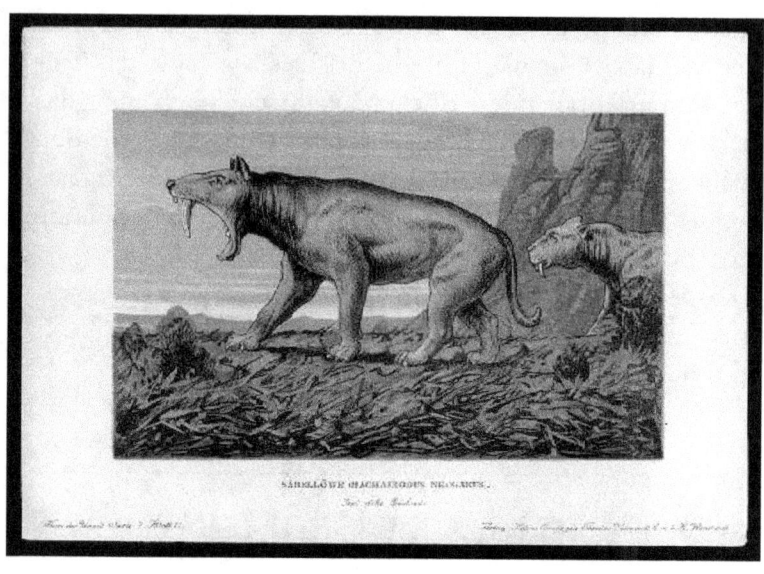

*Lebensbild der Säbelzahnkatze Machairodus.
Bild: Aus „30 Tiere der Urwelt –
Bilder von F. John" (1902).
Der Vorname, das Geburts- und Todesjahr
von F. John sind unbekannt.*

Der Säbelzahntiger *Machairodus* jagte am Ur-Rhein

So groß wie ein heutiger Tiger war der urzeitliche Säbelzahntiger *Machairodus*. Von dieser Raubkatze existierten vom Miozän vor 15 Millionen Jahren bis ins Eiszeitalter vor 2 Millionen Jahren mehrere Arten in Asien, Europa, Afrika und Nordamerika. Als größte Art gilt *Machairodus giganteus* mit einer Schulterhöhe von 1,20 Metern und einer Gesamtlänge von mehr als drei Metern mitsamt dem über 70 Zentimeter langen Schwanz. Ein jetziger Sibirischer Tiger erreicht eine Gesamtlänge von ungefähr drei Metern, wovon 90 Zentimeter auf den Schwanz entfallen.

Den Gattungsnamen *Machairodus* hat 1832 der Darmstädter Forscher Johann Jakob Kaup eingeführt. Ihn erinnerten die Eckzähne eines Oberkiefers aus zehn Millionen Jahre alten Ablagerungen des Ur-Rheins bei Eppelsheim an ein altgriechisches Schlachtmesser namens „machaira". Zu deutsch heißt *Machairodus* also „Schlachtmesserzahn". Die von Kaup erstmals beschriebene Art *Machairodus aphanistus* hatte eine Schulterhöhe von einem Meter und eine Gesamtlänge bis zu 2,70 Metern. In der Tierwelt am Ur-Rhein war dieser Säbelzahntiger vermutlich der „König der Tiere". Merklich größer war die 1848 von dem Münchner Forscher Andreas Wagner aus Pikermi in Griechenland beschriebene und jüngere Art *Machairodus giganteus*.

Dank der Entdeckung von komplett erhaltenen Skeletten des Säbelzahntigers *Machairodus aphanistus* am spanischen Fundort Batallones südlich von Madrid gelangte man zu neuen

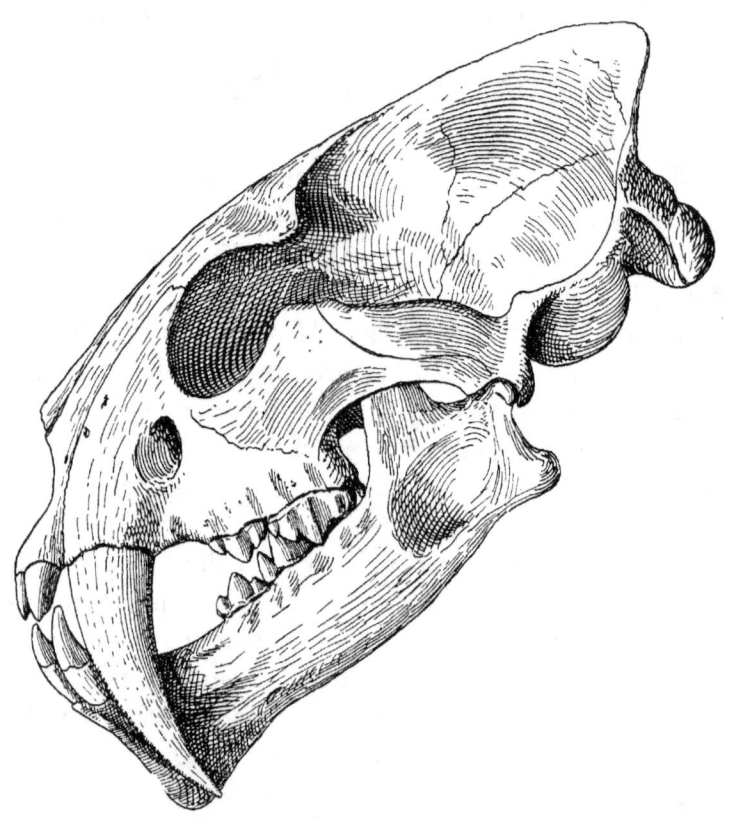

*Schädel der Säbelzahnkatze Machairodus.
Bild: Aus: ABEL, Othenio:
Lebensbilder aus der Tierwelt der Vorzeit,
S. 134, Jena 1922*

Erkenntnissen über diese Raubkatze. Dort barg man Fossilien von zwölf erwachsenen und zwei jungen Säbelzahntigern sowie von 18 merklich kleineren Dolchzahnkatzen der Art *Promegantereon ogygia,* die man auch von Fundstellen am Ur-Rhein kennt. Die Untersuchung der Skelettfunde von *Machairodus* aus Batallones bewies, dass diese bis zu 240 Kilogramm schwere Raubkatze ein flinker Springer und Jäger gewesen ist. Sie soll Beutetiere über kurze Strecken gescheucht und nicht einfach angesprungen haben. Als bevorzugte Beutetiere gelten Waldantilopen und Ur-Pferde, die auch zur Tierwelt am Ur-Rhein zählten. Der Schädel von *Machairodus* war bis zu 31,3 Zentimeter lang, Im Oberkiefer befanden sich 16 Zähne und im Unterkiefer 14.

*Lebensbild des Säbelzahntigers Homotherium.
Bild: Shuhei Tamura, Kanagawa (Japan)*

Säbelzahnkatzen und Dolchzahnkatzen

Statt von Säbelzahntigern spricht man heute auch von Säbelzahnkatzen und Dolchzahnkatzen. Säbelzahnkatzen heißen nur schlanke Gattungen wie *Machairodus* und *Homotherium* mit verhältnismäßig langen Beinen sowie kürzeren, breiteren, stark gebogenen, krummsäbelartigen Eckzähnen. Dolchzahnkatzen wie *Promegantereon, Megantereon* und *Smilodon* waren eher robust gebaut, besaßen kurze und kräftige Beine, einen gestreckten Körper und trugen längere und schmalere Eckzähne. Die größte Dolchzahnkatzen-Art *Smilodon populator* hatte bis zu 28 Zentimeter lange Eckzähne.

*Lebensbild des Beuteltieres Palorchestes.
Bild: Nobu Tamura / CC BY 3.0
(via Wikimedia Commons),
lizensiert unter Creative-Commons-Lizenz by-3.0,
https://creativecommons.org/licenses/by/3.0/legalcode*

Palorchestes war kein „alter Springer"

Wie ein riesiger Tapir sah das Beuteltier *Palorchestes* in Australien aus. Es war bis zu einen Meter hoch, über 2,50 Meter lang und wog maximal 200 Kilogramm. Sein Schädel hatte vermutlich einen Rüssel. Im Maul befand sich eine giraffenähnliche Zunge. Die Vorderbeine waren länger und kräftiger als die Hinterbeine. Alle Finger trugen mächtige Klauen. Von *Palorchestes* sind fünf Arten bekannt, die vom Miozän vor zehn Millionen Jahren bis zum Eiszeitalter vor 50.000 Jahren auf dem „Fünften Kontinent" lebten.

Der englische Forscher Richard Owen hat 1873 *Palorchestes* erstmals wissenschaftlich beschrieben und benannt. Ihm lag nur ein Kiefer mit Zähnen vor, der nach seiner Ansicht von einem alten Känguru stammte. Dies erklärt, weshalb Owen dieses Tier als *Palorchestes* bezeichnete, was zu deutsch „alter Springer" bedeutet. Übrigens war Owen jener Forscher, der bereits 1841 den Namen Dinosaurier eingeführt hat.

Als Nahrung von *Palorchestes* dienten vermutlich Blätter, Rinde oder Wurzeln. Seine hohen und komplexen Zähne eigneten sich für den Verzehr von faserreicher Kost wie beispielsweise Rinde. Mit den krallenbewehrten Vorderbeinen könnte das Tier Äste von Sträuchern oder Bäumen nach unten gezogen haben, um an Blätter zu gelangen. Denkbar ist auch, dass *Palorchestes* Rinde von Bäumen gerissen oder Wurzeln ausgegraben hat.

Wie bei anderen Beuteltieren mussten auch bei *Palorchestes* die Neugeborenen sofort in den Brutbeutel ihrer Mutter

*Englischer Forscher Richard Owen (1804–1892).
Bild: Porträt um 1856
(via Wikimedia Commons),
Lizenz: gemeinfrei (Public domain)*

gelangen. Wenn sie dies nicht schafften, konnten sie nicht überleben.

Im Brutbeutel reiften die unvollkommen geborenen und mit den mütterlichen Zitzen verbundenen Jungen heran. Erst nach Wochen oder Monaten verließ der Nachwuchs den Beutel und lebte in der Außenwelt.

Das Rote Riesenkänguru

Als größtes heutiges Beuteltier gilt das Rote Riesenkänguru in den Wüsten von Australien. Männchen erreichen eine Höhe bis zu 1,80 Metern und ein Gewicht von maximal 90 Kilogramm. Weibchen sind kleiner und leichter.

Lebensbild des Beuteltieres Diprotodon.
Bild: Mr. Langlois 10 / CC BY SA 4.0
(via Wikimedia Commons),
lizensiert unter Creative-Commons-Lizenz by-sa-4.0,
https://creativecommons.org/licenses/by-sa/4.0/legalcode

Diprotodon sah aus wie ein Nashorn ohne Horn

Das größte und schwerste Beuteltier in Australien lebte im Eiszeitalter vor 1,8 Millionen bis vor 45.000 Jahren. Dieser Rekordhalter heißt *Diprotodon optatum*. Er erreichte eine Schulterhöhe bis zu zwei Metern, eine Körperlänge von über drei Metern und ein Gewicht von maximal 2.800 Kilogramm. Etwa ein Drittel kleiner war die Art *Diprotodon minor*. Äußerlich sah *Diprotodon* wie ein Nashorn ohne Horn aus. Sein Schädel hatte einen kurzen Rüssel und seine Füße trugen Krallen.

Den wissenschaftlichen Gattungsnamen *Diprotodon* („zwei vordere Zähne") hat 1839 der englische Forscher Richard Owen vorgeschlagen. Als nächster Verwandter dieses imposanten Beuteltieres gelten die pflanzenfressenden Wombats. Besonders aussagekräftige Funde von *Diprotodon* glückten in den Salzsümpfen des Lake Callabonna im Süden von Australien. Dort hat man auch Reste von bis zu 2,15 Meter großen und 290 Kilogramm schweren flugunfähigen Donnervögeln der Gattung *Genyornis* geborgen.

Als Lebensräume von *Diprotodon* gelten offenes Buschland und Savannengebiete. Auf seinem Speisezettel standen vermutlich Blätter, Zweige, Rinde und Wurzeln. Zum Mageninhalt von Funden am erwähnten Salzsee Lake Callabonna gehörten Salzkräuter und andere Fuchsschwanzgewächse. Weil man mehrere Skelette zusammen fand, könnte *Diprotodon* in Gruppen gelebt haben. Bei einer Aussterbewelle in Australien wurde *Diprotodon* wie andere große Tiere ausgelöscht.

*Lebensbild des Huftieres Macrauchenia.
Bild: Olllga /CC BY 3.0
(via Wikimedia Commons),
lizensiert unter Creative-Commons-Lizenz by-3.0,
https://creativecommons.org/licenses/by/3.0/legalcode*

Das rätselhafte Leben von *Macrauchenia*

Merkmale von Kamelen, Rüsseltieren, Pferden und Nashörnern besaß das prähistoische Huftier *Macrauchenia* („Langhals"), das vom Miozän vor 9 Millionen Jahren bis gegen Ende des Eiszeitalters vor 11.000 Jahren in Südamerika lebte. Es erreichte eine Schulterhöhe von ungefähr 1,80 Metern und eine Länge von drei Metern. Dieses Tier erhielt bereits 1830 durch den englischen Forscher Richard Owen seinen Namen. Aber seine Lebensweise gibt heute noch Rätsel auf.

Macrauchenia wird zu den „Südamerikanischen Huftieren" gerechnet. Sein kleiner Kopf, sein langer Hals, seine Körpergröße und sein Erscheinungsbild erinnern an Kamele. Wegen einer Nasenöffnung hoch oben auf der Schädeloberseite zwischen den Augen vermutet man einen kurzen Rüssel. Die langen und kräftigen Beine gleichen jenen von Pferden. Dagegen ähneln die Füße mit drei Zehen und Hufen eher Nashörnern.

Unklar sind die Ernährungsgewohnheiten von *Macrauchenia*. Seine Zähne mit hohen Kronen deuten auf einen Grasfresser hin. Sein mutmaßlicher Rüssel eignete sich eher zum Abrupfen von weichen Blättern, was für einen Laubfresser spricht. Womöglich hat *Macrauchenia* sowohl Gras als auch Blätter verzehrt.

Der vermutete Rüssel wird mal als kurz und mal als etwas länger bezeichnet. Wegen ihm meinte man sogar, *Macrauchenia* habe sich zeitweise im Wasser aufgehalten. Manche Forscher vermuteten, die Nasenlöcher seien von Lippen umgeben gewesen, die das Tier zum Schutz gegen Staub verschließen hätte können.

*Lebensbild des riesigen Menschenaffen Gigantopithecus.
Bild: Shuhei Tamura, Kanagawa (Japan)*

Gigantopithecus und „King Kong"

Der erfundene Riesenaffe „King Kong" und der ehedem existierende Menschenaffe *Gigantopithecus* haben etwas gemeinsam. Bei beiden kennt man die genaue Größe nicht. In dem Film „King Kong und die weiße Frau" von 1933 wechselt „King Kong" fast in jeder Szene seine Größe. Ähnlich uneinheitlich sind die Angaben über die Größe und das Gewicht für *Gigantopithecus,* von dem einst in Asien zwei Arten existierten.

Im Miozän vor neun bis sechs Millionen Jahren behauptete sich in Nordindien und Pakistan die kleine Art *Gigantopithecus bilaspurensis*. Erst im Eiszeitalter vor einer Million bis vor 100.000 Jahren lebte in China die große Art *Gigantopithecus blacki* („Blacks Riesenaffe"). Diesen wissenschaftlichen Namen hat 1935 der niederländisch-deutsche Forscher Gustav Heinrich von Koenigswald vorgeschlagen. Der Gattungsname *Gigantopithecus* besteht aus dem griechischen Begriff „gigantos" (Riese) und „pithekos" (Affe). Der Artname blacki erinnert an den kanadischen Forscher Davidson Black.

Koenigswald waren in chinesischen Apotheken ungewöhnlich große Backenzähne aufgefallen. Deren Krone hatte einen Durchmesser von 2,5 Zentimetern, was doppelt so viel wie bei einem Gorilla ist. Der deutsche Forscher Franz Weidenreich hielt diese Funde 1937 für Zähne eines riesigen Orang Utan und 1946 für solche eines Riesenmenschen.

Bis heute hat man in China von *Gigantopithecus blacki* nur drei Unterkiefer sowie einzelne Zähne gefunden. Der auffällig massive Unterkiefer ist vom Kinn bis zu den Zähnen doppelt so stark wie bei einem heutigen männlichen Gorilla und vier Mal so hoch wie bei einem jetzigen Menschen. Anhand der Kiefer- und Zahnfunde hat man für *Gigantopithecus blacki* eine Höhe von zwei bis zu drei Metern und ein Lebendgewicht zwischen 300 und 600 Kilogramm errechnet. Dieser Menschenaffe war vermutlich ein Pflanzenfresser, der sich auf Bambus spezialisiert hatte.

Lebt *Gigantopithecus* heute noch?

Kryptozoologen, die weltweit nach verborgenen Tierarten suchen, glauben, *Gigantopithecus blacki* sei gar nicht ausgestorben. Sie betrachten den umstrittenen Affenmenschen „Bigfoot" aus Nordamerika und den legendären Schneemenschen „Yeti" im Himalaja als Nachfahren des Menschenaffen *Gigantopithecus*.

*Historisches Lebensbild des Faultieres Megatherium.
Bild: Aus „30 Tiere der Urwelt –
Bilder von F. John" (1902)*

Das Faultier *Megatherium* lebte auf dem Boden

So groß wie ein heutiger Elefant war eines der bekanntesten und größten Faultiere im Eiszeitalter. Es erreichte eine Höhe von mehr als drei Metern, eine Gesamtlänge bis zu sechs Metern und ein Gewicht von maximal 3.000 Kilogramm. Dieser Koloss existierte vom Pliozän vor 5,3 Millionen Jahren bis gegen Ende des Eiszeitalters vor mehr als 10.000 Jahren in Südamerika (Argentinien, Bolivien, Peru). Seinen Namen *Megatherium* („großes Tier") hat 1796 der französische Forscher Georges Cuvier eingeführt.

Heutige Faultiere klettern auf Bäume, wo sie sich oft mit dem Rücken nach unten an Äste hängen. *Megatherium* dagegen lebte auf dem Boden. Jenes Tier hatte einen bärenartigen Kopf mit kräftigen Kiefern, eine klobige Gestalt und vier Beine mit jeweils drei Krallen. Beim langsamen Gehen stützte es sich auf seinen langen und massiven Schwanz. Experten halten *Megatherium* für einen Laubfresser, der auch Zweige zerkauen konnte.

Bei der Nahrungssuche stellte sich *Megatherium* auf die beiden Hinterbeine, zog mit seinen bekrallten Vorderbeinen saftige Zweige von hohen Bäumen zu sich und weidete die Blätter ab. Wegen seiner Ernährungsweise hielt sich *Megatherium* in baumreichen Lebensräumen auf und fehlte wohl in baumlosen Steppen.

Nachdem die ersten Menschen nach Südamerika eingewandert waren, starben *Megatherium* und andere Riesenfaultiere aus. Vielleicht sind diese Tiere durch intensive Jagd ausgerottet worden.

Lebensbild des Faultieres Megatherium.
Bild: Heinrich Harder (1858–1935).
Aus: Die 30 Sammelkarten aus Tiere der Urwelt,
Serie III (wahrscheinlich um 1920)

Das größte Faultier

Lange Zeit galt *Megatherium* als das größte Faultier aller Zeiten. Doch ab 1986 barg man in Florida fossile Reste einer bis dahin unbekannten Faultierart mit noch beeindruckenderen Maßen. Dieses vor 2,2 Millionen Jahren lebende Tier namens *Eremotherium* ragte fünf Meter hoch und war schätzungsweise fünf Tonnen schwer. Es hatte fünf Finger mit bis zu 30 Zentimeter langen Krallen.

Lebensbild des Beutellöwen Thylacoleo.
Bild: Nobu Tamura / http://spinops.blogspot.com /
CC BY 3.0 (via Wikimedia Commons),
lizensiert unter Creative-Commons-Lizenz by 3.0,
https://creativecommons.org/licenses/by/3.0/legalcode

Thylacoleo erdolchte seine Beute

Als „eines der wildesten Raubtiere überhaupt" beschrieb 1859 der englische Forscher Richard Owen den Beutellöwen *Thylacoleo carnifex*. Dieses bis zu 1,70 Meter lange und maximal 150 Kilogramm schwere Tier aus Australien gilt als der größte Beutellöwe. Er behauptete sich im Eiszeitalter vor 1,8 Millionen bis vor 50.000 Jahren. Zeitweise hielt man *Thylacoleo* irrtümlich für einen Pflanzenfresser, der Nüsse und Früchte verzehrte. Doch Abnutzungsspuren an seinen Zähnen entlarvten ihn als Fleischfresser. Vorfahren von ihm waren noch Pflanzenfresser gewesen, die sich zu Allesfressern und schließlich zu Fleischfressern entwickelt hatten.

Thylacoleo hatte ein kurzes katzenartiges Gesicht. Mit seinen langen Schneidezähnen im Unterkiefer erdolchte er Beutetiere, die er mit den zu Schneidewerkzeugen umgebildeten Backenzähnen zerschnitt. Bissspuren an Knochen des nashorngroßen *Diprotodon* beweisen, dass *Thylacoleo* solche bis zu zwei Meter hohen und drei Meter langen Beuteltiere jagte. Weitere Beutetiere könnten Riesenkängurus und Riesenwombats gewesen sein.

Die Schultern, Vorderbeine, andere Knochen und die Muskeln von *Thylacoleo* waren kräftig ausgebildet. Ungefähr in der Mitte der Oberarmknochen befand sich ein Höcker als Ansatzstelle für sehr starke Muskeln. Dadurch konnte sich *Thylacoleo* mit seinen Daumenklauen sogar an großen und wehrhaften Beutetieren festhalten. Der Daumen der Vorderpfote war abspreizbar.

*Beutellöwe Thylacoleo
auf dem Rücken eines angegriffenen Diprotodon.
Bild: Roman Uchytel
(via Wikimedia Commons),
Lizenz: gemeinfrei (Public domain)*

Aborigines kannten Beutellöwen

Die ersten Ureinwohner von Australien, die so genannten Aborigines, haben noch lebende Beutellöwen gesehen. Über einer ihrer Felszeichnungen hat später ein *Thylacoleo* am Stein seine Krallen gewetzt.

Lebensbild des Riesengürteltieres Glyptodon.
Bild: Heinrich Harder (1858–1935).
Aus: Prähistorische Tiere von 1908
in Tierbuch von Wilhelm Bölsche (1861–1939).
Illustrationen für Die Wunder der Urwelt 1912.
Die 30 Sammelkarten aus Tiere der Urwelt, Serie III
(wahrscheinlich um 1920)

Glyptodon lebte trotz Panzer nicht ganz sicher

Das mehr als drei Meter lange, 1,50 Meter hohe und bis zu 1.400 Kilogramm schwere *Glyptodon* ist das größte Riesengürteltier. Kopf, Rücken und Schwanz dieses Lebewesens waren schwer gepanzert. *Glyptodon* existierte vom Pliozän vor 3,6 Millionen Jahren bis gegen Ende des Eiszeitalters vor 12.000 Jahren in Südamerika. Bisher sind Funde aus Argentinien, Bolivien, Brasilien, Guatemala, Panama, Paraguay, Peru, Uruguay und Venezela bekannt. *Glyptodon* gehört zu den „Gepanzerten Nebengelenktieren".

Der englische Forscher Richard Owen hat *Glyptodon* („gefurchter Zahn") bereits 1839 erstmals wissenschaftlich beschrieben. Vor Feinden wurde dieses wehrhaft aussehende Tier in der Größe eines kleinen Autos durch einen kuppelförmigen Panzer aus tausend vieleckigen, 2,5 Zentimeter dicken Skelettplatten geschützt. Bei Gefahr konnte es seinen Kopf und seinen in bewegliche Ringe gegliederten Schwanz nicht in den Panzer zurückziehen.

Wie andere „Gepanzerte Nebengelenktiere" gilt *Glyptodon* als Grasfresser. Sein Lebensraum war die Savanne. Das Tier hatte sehr kräftige Kiefer. Vorne im Maul trug es keine Zähne. Es besaß aber mächtige Reibzähne in den Backen.

Funde aus Florida verrieten, dass *Glyptodon* trotz seines Panzers nicht in jedem Lebensalter vor Raubtieren völlig sicher war. Noch nicht ausgewachsene Tiere konnten offenbar von Jaguaren durch einen Biss in den noch relativ schlecht geschützten Schädel getötet werden.

*Lebensbild des Riesengürteltieres Glyptodon.
Bild: Pavel Riha CB / CC BY-SA 3.0
(via Wikimedia Commons),
lizensiert unter Creative-Commons-Lizenz by-sa-3.0,
https://creativecommons.org/licenses/by-sa/3.0/legalcode*

Glyptodon starb gegen Ende des Eiszeitalters aus. Die geologisch jüngsten Funde aus Brasilien sind rund 12.000 Jahre alt.

Lebte *Glyptodon* länger?

In indianischen Legenden in Patagonien (Argentinien) ist von einem Tier, die Rede, bei dem es sich um *Glyptodon* handeln könnte. Daher nimmt man an, dieses Tier habe sich vielleicht bis vor wenigen tausend Jahren behauptet.

*Skelett eines Höhlenbären in der Teufelshöhle bei Pottenstein,
Fränkische Schweiz (Bayern).
Foto: Ra'ike / CC BY-SA 3.0
(via Wikimedia Commons),
lizensiert unter Creative-Commons-Lizenz by-sa-3.0,
https://creativecommons.org/licenses/by-sa/3.0/legalcode*

Der Höhlenbär: ein Raubtier, das Pflanzen fraß

Um Leben und Tod ging es für alle Beteiligten, wenn ein Höhlenbär im Eiszeitalter mit Urmenschen kämpfte. Dieser Bär konnte sich dabei bis zu mehr als drei Meter hoch aufrichten und mit seinen kräftigen Tatzen sowie seinem furchterregenden Gebiss wehren. Für Jäger war er keine leichte Beute, weil sie ihm entgegentreten und einen günstigen Augenblick abwarten mussten, ehe sie ihm eine Lanze in den Leib rammen konnten.

Der deutsche Mediziner Johann Christian Rosenmüller hat 1794 einen Bärenschädel aus der Zoolithenhöhle von Burggaillenreuth bei Muggendorf in der Fränkischen Schweiz (Bayern) erstmals wissenschaftlich beschrieben. Er erkannte, dass es sich weder um einen Eisbären noch um einen Braunbären handelte. Wegen des häufigen Vorkommens solcher Reste in Höhlen bezeichnete er die neue Art als *Ursus spelaeus* (zu deutsch: Höhlenbär).

Forscher streiten darüber, wann die ersten Höhlenbären im Eiszeitalter auftauchten. Dies könnte bereits vor 400.000 oder erst vor 125.000 Jahren geschehen sein. Der Höhlenbär hatte ohne Schwanz eine Länge bis zu 3,50 Metern, eine Schulterhöhe von maximal 1,75 Metern und ein Lebendgewicht bis zu 1.200 Kilogramm. Sein Schädel war bis zu 55 Zentimeter lang. Bei einer Geburt im Winter kamen bis zu drei Babys zur Welt. Winzige Neugeborene hatten angeblich lediglich die Größe einer heutigen Ratte und wogen nur 500 Gramm.

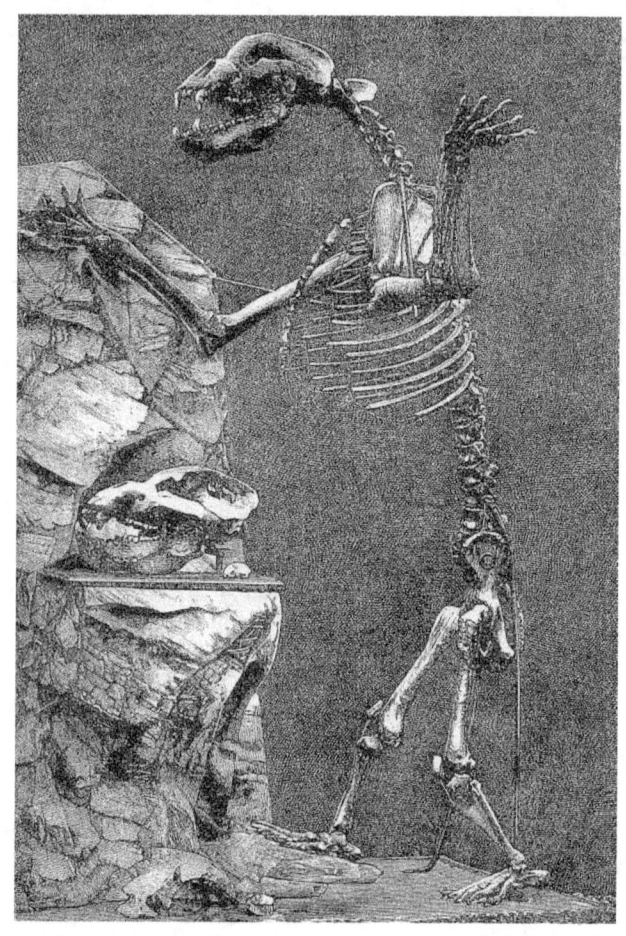

*Aufrecht stehendes Skelett eiens Höhlenbären
im Wiener Hofmuseum.*
Bild: Reproduktion aus: BÖLSCHE, Wilhelm:
Entwicklungsgeschichte der Natur,
Band 2, Berlin 1896:
8 (2. Bild von unten)

Erstaunlicherweise gilt der Höhlenbär als pflanzenfressendes Raubtier. Er verzehrte vor allem Almkräuter. Im Winter lag er wehrlos in einer Höhle. Eiszeitliche Künstler haben bereits vor mehr als 30.000 Jahren aus Mammutelfenbein kleine Figuren von Höhlenbären geschnitzt. Wann und warum die Höhlenbären gegen Ende des Eiszeitalters ausgestorben sind, weiß man nicht genau. Dies soll irgendwann zwischen 28.000 und 15.000 Jahren geschehen sein.

30.000 tote Bären in einer Höhle

Nirgendwo auf der Erde fand man mehr Skelettreste von Höhlenbären als in der Drachenhöhle von Mixnitz in der Steiermark (Österreich). Dort wurden Knochen und Zähne von mehr als 30.000 Höhlenbären geborgen, die innerhalb von Jahrtausenden gestorben waren. In der Petershöhle bei Velden in Mittelfranken (Bayern) lagen Fossilien von mindestens 1.500 Höhlenbären. In der Zoolithenhöhle von Burggaillenreuth (Bayern) sind Reste von 800 bis 1.000 Höhlenbären entdeckt worden.

Lebensbild des Riesenhirsches Megaloceros.
Bild: Aus „30 Tiere der Urwelt –
Bilder von F. John" (1902)

Megaloceros trug ein zentnerschweres Geweih

Schwer zu tragen hatten männliche Riesenhirsche der Art *Megaloceros giganteus*. Das imposante Geweih dieser zwei Meter hohen, 2,50 Meter langen und 350 Kilogramm schweren Tiere erreichte eine Spannweite bis zu vier Metern und wog maximal mehr als 50 Kilogramm. Solche Riesenhirsche lebten vom Eiszeitalter vor 400.000 bis in die Heutzeit vor 7.500 Jahren in Europa und Asien.

Megaloceros („großes Horn") erhielt 1799 von dem deutschen Forscher Johann Friedrich Blumenbach aus Göttingen seinen wissenschaftlichen Gattungsnamen. Der Riesenhirsch war keineswegs der größte Hirsch aller Zeiten, wie manchmal irrtümlich behauptet wird. Denn seine Maße wurden durch den ausgestorbenen bis zu 1.400 Kilogramm schweren Breitstirnelch *Alces latifrons* und den heutigen großen Elch *Alces alces* aus Alaska merklich übertroffen.

Anders als der laubfressende Elch verzehrte der Riesenhirsch vor allem Gras. Vermutlich lebte er wie heutige größere Huftiere in Herden. Er warf sein schweres Geweih alljährlich ab, worauf es wieder nachwuchs. Ähnlich wie heutige Hirsche dürfte *Megaloceros* mit männlichen Konkurrenten Ritualkämpfe ausgetragen haben, bei denen es um die Vorherrschaft in der Herde ging.

Eiszeitliche Jäger haben den Riesenhirsch *Megaloceros* gekannt, gejagt und gemalt. Höhlenmalereien in Frankreich zeigen Tiere, die *Megaloceros* ähneln. Das Aussterben von *Megaloceros* könnte durch menschliche Jagd und klimatisch bedingte

Veränderungen der Pflanzenwelt ausgelöst worden sein. Ein wichtiger Fundort von Riesenhirschen ist ein Moor bei Dublin in Irland. Dort hat man mehr als 80 Skelette geborgen.

Höhlenlöwe mit Beutetier.
Bild: Heinrich Harder (1858–1935).
Aus: Die 30 Sammelkarten aus Tiere der Urwelt,
Serie III (wahrscheinlich um 1920)

Der Höhlenlöwe suchte selten eine Höhle auf

Einen falschen Namen tragen die im Eiszeitalter vor 300.000 bis vor 10.000 Jahren lebenden Höhlenlöwen namens *Panthera leo spelaea*. Diesen verdanken sie dem Umstand, dass ihre Knochenreste häufig in Höhlen entdeckt wurden (griechisch: spelaion = Höhle). In Wirklichkeit waren diese Löwen aber Tiere der Steppe, der Busch- und Waldtundra und in Gebieten mit Höhlen genauso verbreitet wie in Landschaften ohne Höhlen.

Höhlenlöwen haben nur selten Höhlen als Versteck aufgesucht. Wahrscheinlich kamen vor allem schwache, kranke oder alte Höhlenlöwen in solche natürlichen Unterschlüpfe und suchten dort Schutz oder einen ruhigen Platz zum Sterben. Womöglich dienten Höhlen auch als Unterschlupf für Löwinnen, die dort ihren Nachwuchs zur Welt brachten und in der ersten Zeit aufzogen. Teilweise sind Höhlenlöwen wohl durch Höhlenhyänen, denen sie zum Opfer gefallen waren, in Höhlen verschleppt worden.

Der Höhlenlöwe wurde 1810 von dem deutschen Forscher Georg August Goldfuß erstmals wissenschaftlich beschrieben. Dabei hatte ihm der 40 Zentimeter lange Schädel eines männlichen Löwen aus der Zoolithenhöhle von Burggaillenreuth bei Muggendorf in der Fränkischen Schweiz (Bayern) vorgelegen. Nirgendwo auf der Erde hat man mehr Fossilien von Höhlenlöwen entdeckt als in der Zoolithenhöhle, wo man Reste von rund 30 solcher Raubkatzen fand.

Lebensbild eines Mosbacher Löwen.
Bild: Shuhei Tamura, Kanagawa (Japan)

*Denkmal zweier Amerikanischer Höhlenlöwen
von Rancho La Brea in Los Angeles (Kalifornien).
Foto: Alyssa Ganezer, Santa Monica, Kalifornien (USA)*

Höhlenlöwen brachten es auf eine Schulterhöhe von mehr als einem Meter und auf eine Gesamtlänge von maximal 3,20 Metern, womit sie etwas größer als jetzige Löwen in Afrika waren. Eiszeitliche Jäger haben vor mehr als 30.000 Jahren aus Mammutelfenbein formschöne Figuren von Höhlenlöwen geschnitzt oder in Höhlen grandiose Bilder von ihnen gemalt.

Der riesige Vorfahre

Der Höhlenlöwe ist vor 300.000 Jahren aus dem riesigen Mosbacher Löwen *(Panthera leo fossilis)* hervorgegangen, der nach dem ehemaligen Dorf Mosbach bei Wiesbaden in Hessen benannt ist. Der Mosbacher Löwe erreichte eine Gesamtlänge von 3,60 Metern und übertraf heutige Löwen damit um rund 50 Zentimeter. Nur der Amerikanische Höhlenlöwe *(Panthera leo atrox)* war mit einer Gesamtlänge von 3,70 Metern noch etwas größer.

*Lebensbild eines Mammuts.
Bild: Aus „30 Tiere der Urwelt –
Bilder von F. John" (1902)*

Das Mammut war ein kleiner Elefant

Wenn Sie meinen, das Wollhaar-Mammut *(Mammuthus primigenius)* sei das größte Rüsseltier gewesen, irren Sie sich gewaltig. Denn es war mit einer Schulterhöhe bis zu 3,75 Metern und einem Lebendgewicht von 5.000 bis maximal 8.000 Tonnen nur ein kleiner Elefant. Übertroffen wurde dieses bekannteste Tier aus dem Eiszeitalter vom Südmammut (mehr als vier Meter), vom Steppenmammut (bis zu 4,70 Meter) und vom heutigen Afrikanischen Elefanten (bis vier Meter). Diese Rekordmaße gelten für männliche Tiere.
Das Wollhaar-Mammut oder Fellmammut existierte im Eiszeitalter vor 300.000 oder 250.000 Jahren bis vor 4.000 oder 3.700 Jahren zu verschiedenen Zeiten in Asien, Europa und Amerika. Die letzten dieser Tiere behaupteten sich auf der sibirischen Wrangel-Insel im Arktischen Ozean.
Noch vor drei Jahrhunderten deutete man Knochen, Zähne und Stoßzähne des Wollhaar-Mammuts als Reste von Riesen, Einhörnern, Greifen und Drachen. 1799 gab der deutsche Forscher Johann Friedrich Blumenbach Funden aus Sibirien und Osterode am Harz den wissenschaftlichen Namen *Elephas primigenius* („Erstgeborener Elefant"). 1828 führte der englische Forscher Joshua Brookes den heute für das Wollhaar-Mammut gültigen Gattungsnamen *Mammuthus* ein.
Ein Mammutgebiss bestand aus vier bis über 20 Zentimeter langen Backenzähnen. Nach den ersten Milchzähnen wuchsen zwei Mal Milchzähne und drei Mal Backenzähne nach. Sobald die letzten Backenzähne unbrauchbar waren, verhungerte das

alte Tier kläglich. Die bis zu drei Meter langen Stoßzähne dienten vielleicht als Werkzeuge bei der Nahrungssuche oder als Verteidigungswaffen beim Kampf.

Dank seiner zehn Zentimeter dicken Fettschicht, seiner zwei Zentimeter dicken Haut, seiner Schicht mit feinen, kurzen Haaren und einem Unterfell mit bis zu mehr als 1,20 Meter langen Haaren war das Wollhaar-Mammut gut an kühles Klima angepasst. Es ist ein großes Rätsel, weshalb diese zotteligen Tiere ausgerechnet dann ausstarben, als das Klima milder wurde. Unsere Vorfahren haben diese Tiere gejagt und ihr Fleisch gegessen, aus ihren Skelettresten und Stoßzähnen Werkzeuge, Waffen und Hütten geschaffen und sie gemalt oder gezeichnet.

Mammutskelette und -leichen

Die meisten Skelettreste von Mammuten fand man im Mammutfriedhof am Fluss Berelekh in Jakutien (Sibirien). Sie stammten von 156 Tieren. In Deutschland hat man bisher sechs Mammutskelette entdeckt: 1903 in Klinge bei Cottbus (Brandenburg), im Winter 1908/1909 bei Borna nahe Leipzig (Sachsen), Juni 1910 bei Ahlen (Nordrhein-Westfalen), 1936 bei Polch (Rheinland-Pfalz), 1953 im Braunkohlentagebau „Pfännerhall" bein Braunsbedra im Geiseltal bei Merseburg (Sachsen-Anhalt), im Oktober 1975 in Siegsdorf bei Traunstein (Bayern). Im Dauerfrostboden von Sibirien kamen Dutzende von Mammutleichen zum Vorschein. Verwesendes Mammutfleisch kann man kilometerweit riechen.

Lebensbild eines Wollnashorns.
Bild: Heinrich Harder (1858–1935).
Aus: Die 30 Sammelkarten aus Tiere der Urwelt,
Serie III (wahrscheinlich um 1920)

Als man das Wollnashorn für einen Drachen hielt

Gut gekannt haben eiszeitliche Jäger das 1,70 Meter hohe, ohne Schwanz bis zu 3,60 Meter lange und maximal 2.900 Kilogramm schwere Wollnashorn. Solche Tiere wurden vor mehr als 30.000 Jahren auf Höhlenwände gemalt und aus Mammutelfenbein geschnitzt. Das auch Fellnashorn genannte Tier existierte im Eiszeitalter vor 550.000 bis 12.000 Jahren in Europa, wohin es aus Asien eingewandert war.

Nach dem Aussterben gegen Ende des Eiszeitalters geriet das Wollnashorn in Europa in Vergessenheit. Auf Berichten über Nashörner in fernen Ländern basieren vermutlich Legenden über das Fabeltier Einhorn. Als man im Mittelalter wiederholt Skelette von Fellnashörnern entdeckte, hielt man sie oft für Reste von Drachen. Ein 1335 bei Klagenfurt in Österreich gefundener Schädel eines Wollnashorns diente 1590 als Vorbild für den Drachenkopf des Lindwurmbrunnens in Klagenfurt.

Der deutsche Forscher Johann Friedrich Blumenbach gab 1799 Funden aus Deutschland und Russland den Namen *Rhinoceras antiquitatis*. 1831 führte der deutsche Forscher Heinrich Georg von Bronn statt *Rhinoceras* den Gattungsnamen *Coeolodonta* ein. Dieser beruht auf der Eintiefung in der Mitte der Backenzähne (griechisch koilia = Höhle, griechisch odous = Zahn). Seit den 1930-er Jahren ist *Coeolodonta antiquitatis* (lateinisch antiquitatis = alt) üblich.

Dank seines Fells war das Wollnashorn gut an ein kaltes Klima angepasst. Sein Lebensraum waren baumlose Steppen. Mit seinen hochkronigen Zähnen fraß es hartes Gras. Männliche Tiere trugen auf der Nase ein bis zu einem Meter langes Horn und ein etwas kürzeres auf der Stirn. Knochen und Zähne von Wollnashörnern werden oft in Kies-, Sand- und Tongruben geborgen, deren Ablagerungen von Flüssen oder Seen stammen. In Sibirien und in der Ukraine hat man Kadaver mit Fleisch, Haut und Haaren entdeckt.

Wollnashörner in Museen

Skelette von Wollnashörnern aus Deutschland kann man im Museum für Naturkunde in Gera, Naturkundemuseum Bielefeld, Geologisch-Paläontologischen Museum der Westfälischen Wilhelms-Universität in Münster, Museum für Ur- und Ortsgeschichte, Eiszeithalle Quadrat Bottrop und im Ruhr-Museum in Essen bewundern.

Großes Säugetier-Quiz

Sie wissen bereits gut Bescheid über bekannte große Säugetiere aus der Zeit vor 65 Millionen bis 10.000 Jahren. Bestimmt könmem Sie Ihren Verwandten, Freunden und Bekannten viel Spannendes über diese teilweise seltsamen Tiere erzählen. Haben Sie Lust, Ihr Wissen hier zu testen? Dann kreuzen Sie bei jeder Frage die Antwort mit Bleistift an, die Sie für richtig halten. Manchmal sind verschiedene Antworten möglich. Auf Seite 91 finden Sie die korrekten Antworten. Viel Spaß und Erfolg beim Raten!

1) Wie groß war das kleinste Urpferdchen?
a) wie eine Hauskatze
b) wie ein Fuchs
c) wie ein Schaf

2) Was hat das Ungeheuer von Uinta gefressen?
a) Insekten
b) Vögel
c) Pflanzen

3) Wie schwer war *Paraceratherium*?
a) 240 Kilogramm
b) 2.400 Kilogramm
c) 24.000 Kilogramm

4) Was ist das *Gomphotherium*?
a) ein Nashorn
b) ein Urelefant
c) eine Giraffe

5) Welche Namen hat das Rüsseltier *Deinotherium*?
a) Schreckenstier
b) Rhein-Elefant
c) Hauer-Elefant

6) Was fraß der Bärenhund *Amphicyon*?
a) nur Pflanzen
b) nur Fleisch
c) Pflanzen und Fleisch

7) Was war *Chalicotherium*?
a) ein Gorilla
b) ein Riesenfaultier
c) ein krallenfüßiges Huftier

8) Was heißt *Machairodus*?
a) Löwenzahn
b) Tigerzahn
c) Schlachtmesserzahn

9) Wie hat man das Beuteltier *Palorchestes* genannt
a) alter Stinker
b) alter Schleicher
c) alter Springer

10) Was war *Diprotodon*?
a) größtes Kamel
b) größter Affe
c) größtes Beuteltier

11) Was hatte *Macrauchenia*?
a) Hörner
b) Rüssel
c) Stoßzähne

12) Was hat *Gigantopithecus* nicht gegessen?
a) Bambus
b) Gras
c) Tannenzapfen

13) Was war *Megatherium* nicht?
a) größte Raubkatze
b) größtes Rüsseltier
c) größtes Faultier

14) Was war *Thylacoleo*?
a) Pflanzenfresser
b) Fleischfresser
c) Allesfresser

15) Wie wurde *Glyptodon* geschützt?
a) durch Hörner
b) durch einen Panzer
c) durch Krallen

16) Wie hoch konnte sich der Höhlenbär aufrichten?
a) 2 Meter
b) 3 Meter
c) 4 Meter
d) 5 Meter

17) Was war *Megaloceros*?
a) ein Riesenelefant
b) ein Riesennashorn
c) ein Riesenhirsch

18) Wo hat man die meisten Höhlenlöwen entdeckt?
a) in der Zahnhöhle
b) in der Zwergenhöhle
c) in der Zoololithenhöhle

19) Als was man hat früher Mammutreste fehlgedeutet?
a) Drachen
b) Einhörner
c) Greife
d) Riesen

20) Wie alt sind die ersten Höhlenbilder
von Wollnashörnern?
a) über 300 Jahre
b) über 3.000 Jahre
c) über 30.000 Jahre

Lösungen zum Säugetier-Quiz

1) a: Das kleinste Urpferdchen war so groß wie eine Hauskatze.
2) c: Das Ungeheuer von Uinta hat Pflanzen gefressen.
3) c: *Paraceratherium* wog bis zu 24.000 Kilogramm.
4) b: *Gomphotherium* war ein Urelefant.
5) a, b und c: Das Rüsseltier *Deinotherium* wird Schreckenstier, Rhein-Elefant und Hauer-Elefant genannt.
6) c: Der Bärenhund *Amphicyon* fraß Pflanzen und Fleisch
7) c: *Chalicotherium* war ein krallenfüßiges Huftier.
8) c: Der Name des Säbelzahntigers *Machairodus* bedeutet Schlachtmesserzahn.
9) c: Das Beuteltier *Palorchestes* wurde früher alter Springer genannt.
10) c: *Diprotodon* war das größte Beuteltier.
11) b: *Macrauchenia* hatte einen Rüssel.
12) b und c: Der Menschenaffe *Gigantopithecus* fraß kein Gras und keine Tannenzapfen.
13) a, b und c: *Megatherium* war nicht die größte Raubkatze, nicht das größte Rüsseltier und nicht das größte Faultier.
14) b: Der Beutellöwe *Thylacoleo* war Fleischfresser.
15) a: Das Riesengürteltier *Glyptodon* wurde durch einen Panzer geschützt
16) b: Der Höhlenbär konnte sich bis zu 3 Meter hoch aufrichten.
17) c: *Megaloceros* war ein Riesenhirsch.
18) c: Die meisten Höhlenlöwen hat man in der Zoolithenhöhle in Bayern entdeckt.

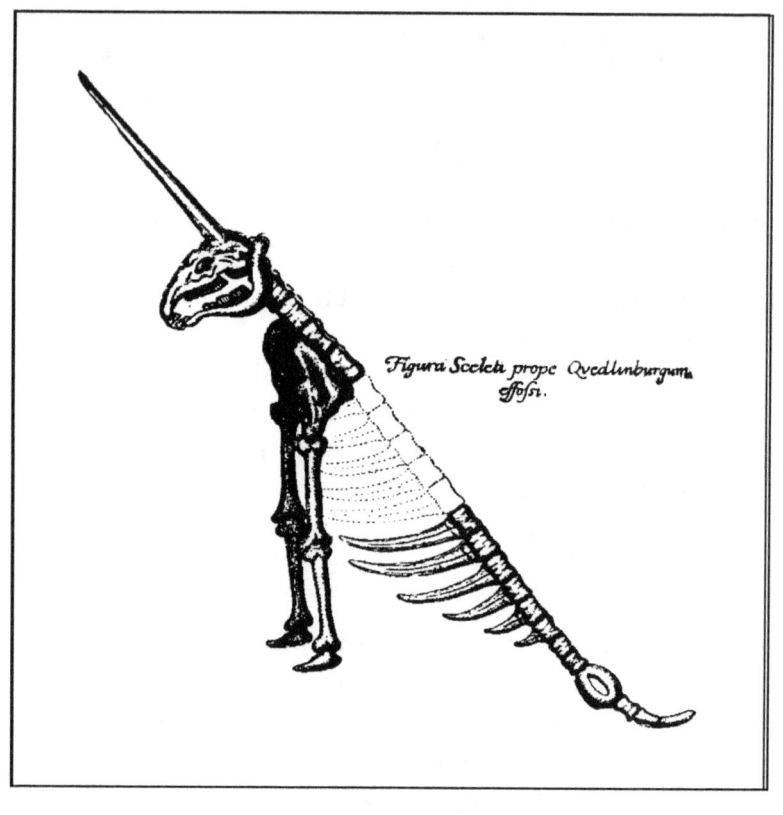

*Auf fehlgedeuteten Mammutknochen
basiert diese Rekonstruktion
des 1663 entdeckten „Einhorns von Quedlinburg".
Bild: „Quedlinburgum effossi",
Einhorndarstellung aus dem Werk „Protogaea" (1749)
von Gottfried Wilhelm Leibniz (1646–1716),
das nach seinen Tod erschien*

19) a, b, c und d: Mammutreste hat man früher als Drachen, Einhörner, Greife und Riesen fehlgedeutet.
20) c: Die ersten Höhlenbilder von Wollnashörnern sind über 30.000 Jahre alt.

Literatur

FRANZEN, Jens Lorenz / ROOS, Heiner / PROBST, Ernst: Das Dinotherium-Museum in Eppelsheim, Eppelsheim 2009
PROBST: Ernst: Zeugen der Urzeit im Museum. Ausflug in die Erdgeschichte von Rheinland-Pfalz. Museumsführer Nr. 9, Naturhistorisches Museum Mainz
PROBST, Ernst: Deutschland in der Urzeit. Von der Entstehung des Lebens bis zum Ende der Eiszeit, München 1986
PROBST, Ernst: Deutschland in der Steinzeit. Jäger, Fischer und Bauern zwischen Nordseeküste und Alpenraum, München 1991
PROBST, Ernst: Rekorde der Urzeit, München 1993
PROBST, Ernst: Deutschland in der Bronzezeit. Bauern, Bronzegießer und Burgherren zwischen Nordsee und Alpen, München 1996
PROBST, Ernst: Der Ur-Rhein. Rheinhessen vor zehn Millionen Jahren , München 2009
PROBST, Ernst: Säbelzahnkatzen, München 2009
PROBST, Ernst: Der Mosbacher Löwe. Die riesige Raubkatze aus Wiesbaden, München 2010
PROBST, Ernst: Der Rhein-Elefant Das Schreckenstier von Eppelsheim, München 2010
PROBST, Ernst: Dinosaurier von A bis K, München 2010
PROBST, Ernst: Dinosaurier von L bis Z, München 2010
PROBST, Ernst: Eiszeitliche Raubkatzen in Deutschland. Mit Zeichnungen von Shuhei Tamura, München 2011
PROBST, Ernst: Johann Jakob Kaup. Der große Naturforscher aus Darmstadt, München 2011
PROBST, Ernst: Krallentiere am Ur-Rhein, München 2011

PROBST, Ernst: Menschenaffen am Ur-Rhein, München 2011

PROBST, Ernst: Hermann von Meyer. Der große Naturforscher aus Frankfurt am Main, Leipzig 2019

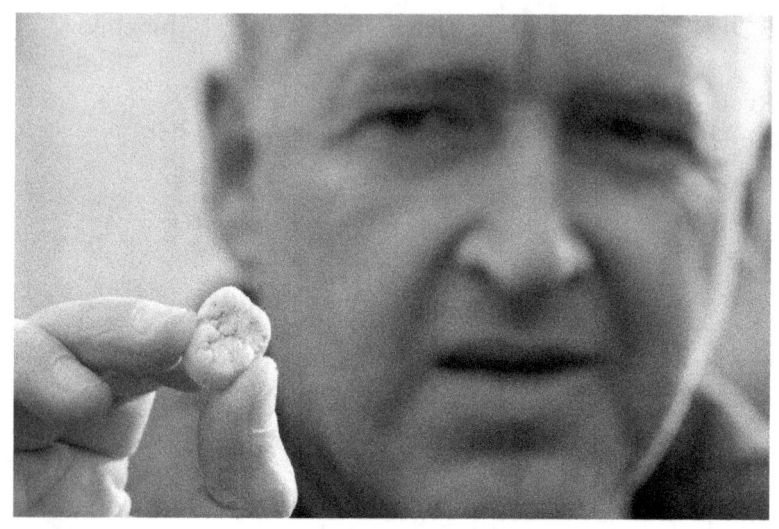

*Mahlzahn (Molar)
anhand dessen der niederländisch-deutsche
Paläoanthropologe Gustav Heinrich Ralph
von Koenigswald (1902–1982) im Jahre 1935
den prähistorischen Menschenaffen Gigantopithecus blacki
erstmals wissenschaftlich beschrieben hat.
Im Hintergrund ist der
Paläoanthropologe Friedemann Schrenck
vom Forschungsinstitut Senckenberg,
Frankfurt am Main, zu sehen.
Foto: Forschungsinstitut Senckenberg, Frankfurt am Main /
CC BY-SA 3.0 (via Wikimedia Commons),
lizensiert unter Creative-Commons-Lizenz by-sa-3.0-de.
https://creativecommons.org/licenses/by-sa/3.0/legalcode*

Register

Abel, Othenio 36, 40
Aborigines 63
Affenmensch 55
Afrikanischer Elefant 81
Agnotherium antiquum 31
Ahlen 83
Alces alces 73
Alces latifrons 73
Allesfresser 61
Amerikanischer Höhlenlöwe 78, 79
Amphicyon 6, 30, 31
Amphicyon eppelsheimensis 31
Argentinosaurus 21
Aussterben 7, 15, 49, 73, 85
Baluchitherium 19
Bärenhund 6, 30, 31
Barz, Joachim 31
Batallones (Spanien) 39, 41
Bayerische Staatssammlung für Paläontologie und Geologie, München 23
Berelekh in Jakutien (Sibirien) 83
Beutellöwe 6, 60, 61, 62, 63
Beuteltier 5, 6, 44, 45, 48, 49, 61
Bigfoot 55
Black, Davidson 54
Blauwal 21
Blumenbach, Johann Friedrich 73, 81, 85
Bölsche, Wilhelm 64, 70

Bogdanov, Dmitry 18, 34
Borna bei Leipzig 83
Braunsbedra im Geiseltal 83
Breitstirnelch 73
Bronn, Heinrich Georg von 85
Brookes, Joshua 81
Burmeister, Hermann 23
Chalicotherium 6, 34, 35, 37
Chalicotherium goldfussi 35, 36
Coelodonta 85
Coelodonta antiquitatis 85
Cooper, Sir Clive Forster 19
Cope, Edward Drinker 17
Cuvier, Georges 57
Deinotherium 6, 25, 26, 27
Deinotherium giganteum 25, 27, 28, 35
Dinosaurier 5, 45
Dinotheriensande 25
Dinotherium 25
Dinotherium-Museum, Eppelsheim 27
Diprotodon 6, 48, 49
Diprotodon minor 49
Diprotodon optatum 49
Dolchzahnkatzen 41, 43
Drachen 81, 84
Drachenhöhle von Mixnitz (Österreich) 71
Dublin (Irland) 74
Dzungariotherium 19
Eckfelder Maar 12
Egerkingen (Schweiz) 12
Einhorn 81, 85

Eiszeitalter 6, 21, 27, 39, 45, 49, 51, 54, 57, 61, 65, 67, 69, 73, 76, 81, 85
Elch 73
Elephas primigenius 81
Elfenbeinschnitzereien 79, 85
Eohippus 10, 11
Eozän 5, 6, 11, 12, 15
Eppelsheim 25, 27, 28, 29, 31, 35, 39
Equus 14
Eremotherium 59
Eurohippus 12, 13
Faultiere 6, 56, 57, 58, 59
Fellmammut 81
Fellnashorn 85
Felszeichnung 63
Fledermäuse 6
Fleischfresser 61
Flugsaurier 5
Flusspferd 25
Forstercooperia 19
Fossil 9
Franzen, Jens Lorenz 13, 32
Ganezer, Alyssa
Gastornis 4, 5
Geiseltal bei Halle/Saale 12
Genyornis 49
Geologisch-Paläontologisches Museum der Westfälischen Wilhelms-Universität in Münster 86
Gervais, Paul 12
Gigantopithecus 6, 53, 54, 55
Gigantopithecus blacki 54, 55

Gigantopithecus bilaspurensis 54
Glyptodon 6, 64, 65, 66, 67
Goldfuß, Georg August 35, 76
Gomphotherium 6, 22, 23, 24
Grasfresser 14, 51, 65, 73, 86
Greife 81
Grube Messel 5, 123
Gweng bei Mühldorf 23
Halbaffen 5
Harder, Heinrich 10, 16, 26, 58, 64, 75, 84
Hauer-Elefant 6, 25
Hemm-Herkner, Christine 32
Höhlenbär 6, 7, 68, 69, 70, 71
Höhlenlöwe 75, 76, 79
Höhlenmalereien 73, 79, 85
Homotherium 42, 43
Huftier 50, 51
Huftiere, Südamerikanische 51
Huftier, krallenfüßiges 6
Hundebär 31
Hyracotherium 6, 10, 11
Indianer 67
Insektenfresser 5
John, F. 38, 56, 72, 80
Kaup, Johann Jakob 25, 28, 29, 31, 35, 39
King Kong 54
Klinge bei Cottbus 83
Klipstein, August von 25, 28, 29
Koenigswald, Gustav Heinrich von
Krallentier 34
Kreidezeit 21

Kretschmann, Heinz 23
Lake Callabona (Australien) 49
Landtiere 6
Laubfresser 51, 57, 73
Leidy, Joseph 17
Les Brunes (Frankreich) 12
Lindwurmbrunnen in Klagenfurt (Österreich) 85
Londoner Museum of Natural History 27
Machairodus 6, 38, 39, 40, 41, 43
Machairodus aphanistus 39
Machairodus giganteus 39
Macrauchenia 6, 50, 51
Mammut 7, 8, 80, 81
Mammutfriedhof 83
Mammuthus 81
Mammuthus primigenis 81
Mammutskelette 83
Marsh, Othniel Charles 11, 17
Massenaussterben 7
Mastodon 23
Meeressaurier 5
Megahippus 14
Megaloceros 72, 73
Megaloceros giganteus 73
Megantereon 43
Megatherium 6, 56, 57, 58, 59
Menschenaffe 6, 53, 54
Merychippus 14
Mikulov (Mähren) 36
Miozän 6, 14, 19, 25, 27, 34, 35, 37, 39, 45, 51, 54
Mixnitz (Österreich) 71

Mosbacher Löwe 77, 79
Mühldorfer Urelefant 23
Münchner Mastodon 23
Museum für Naturkunde in Gera 86
Museum für Ur- und Ortsgeschichte, Eiszeithalle Quadrat Bottrop 86
Muttertiere 12
Nagetiere 5
Naturhistorisches Museum Basel 37
Naturkundemuseum Bielefeld 86
Nebengelenktiere, Gepanzerte 65
Nikolsburg 36 (Mähren)
Oligozän 6, 19, 23
Orang Utan 54
Osterode am Harz 81
Owen, Richard 11, 45, 46, 49, 51, 61, 65
Paarhufer 6
Paläozän 5
Palorchestes 6, 44, 45
Panthera leo atrox 79
Panthera leo spelaea 76, 79
Paraceratherium 6, 18, 19, 21
Pelzflatterer 5
Petershöhle bei Velden 71
Pferde 14
Pflanzenfresser 55, 61, 71
Pikermi 39
Planetetherium 5
Pliozän 6, 23, 57, 65
Polch 83
Probst, Ernst 4, 97

Promegantereon 43
Propalaeotherium 12
Rancho La Brea (USA)
Raubtiere 6, 69
Rhein-Elefant 24, 28
Rhinoceras antiquitatis 85
Riesen 81
Riesenfaultier 6
Riesenhirsch 7, 72, 73
Riesengürteltier 6, 64, 65, 66
Riesenkänguru 61
Riesenkänguru, Rotes 47
Riesenmensch 54
Riesenschuppentier 35
Riesenseekuh 25
Riesentapir 25
Riesenwombat 61
Riha, Pavel 66
Rosenmüller, Johann Christian 69
Ruhr-Museum Essen 86
Rüsseltier 25, 35
Säbelzahnkatze (Säbelzahntiger) 38, 43
Säbelzahntiger (Säbelzahnkatze) 6, 39, 41, 42, 43
Säugetiere 5, 7
Schneemensch 55
Schreckenstier von Eppelsheim 25
Schuppentiere 5
Siegsdorf bei Traunstein 83
Smilodon 43
Smilodon populator 43
Somma, Ryan 22

Steppenmammut 20, 21, 81
Südmammut 81
Südostbayerisches Naturkunde- und Mammut-Museum Siegsdorf 8
Tamura, Nobu 44, 60
Tamura, Shuhei 42, 53, 77
Tapirverwandte 6
Teufelshöhle bei Pottenstein 68
Thylacoleo 6, 60, 61, 62, 63
Tiger, Sibirischer 39
Tobien, Heinz 32
Uchtyel, Roman 30, 62
Uintatherium 6, 15, 16, 17
Unpaarhufer 6
Ur-Elefant 6
Ur-Huftiere 5
Urpferdchen 10, 11, 12
Ur-Pferde 41
Ur-Raubtiere 6
Ur-Rhein 25, 31, 32, 33, 35, 39, 41
Ursus spelaeus 69
Velden 71
Vögel 5
Wagner, Andreas 39
Waldantilopen 41
Waldbewohner 25
Weidenreich, Franz 54
Weitzel, Karl 31
Wendler, Fritz 8
Wiener Hofmuseum 70
Wollhaar-Mammut 6, 80, 81, 82

Wollnashorn 6, 7, 84, 85, 86
Wombat 49
Yeti 55
Zitzenzahn-Elefant 23
Zoolithenhöhle von Burggaillenreuth 69, 71, 76

Autor Ernst Probst.
Foto: Klaus Benz, Fotograf, Mainz-Laubenheim

Der Autor

Ernst Probst, geboren am 20. Januar 1946 in Neunburg vorm Wald im bayerischen Regierungsbezirk Oberpfalz, ist Journalist und Wissenschaftsautor. Er arbeitete von 1968 bis 1971 bei den „Nürnberger Nachrichten", von 1971 bis 1973 in der Zentralredaktion des „Ring Nordbayerischer Tageszeitungen" in Bayreuth und von 1973 bis 2001 bei der „Allgemeinen Zeitung", Mainz. In seiner Freizeit schrieb er Artikel für die „Frankfurter Allgemeine Zeitung", „Süddeutsche Zeitung", „Die Welt", „Frankfurter Rundschau", „Neue Zürcher Zeitung", „Tages-Anzeiger", Zürich, „Salzburger Nachrichten", „Die Zeit", „Rheinischer Merkur", „Deutsches Allgemeines Sonntagsblatt", „bild der wissenschaft", „kosmos", „Deutsche Presse-Agentur" (dpa), „Associated Press" (AP) und den „Deutschen Forschungsdienst" (df). Aus seiner Feder stammen unter anderem die Bücher „Deutschland in der Urzeit" (1986), „Deutschland in der Steinzeit" (1991), „Rekorde der Urzeit" (1992), „Dinosaurier in Deutschland" (1993 zusammen mit Raymund Windolf) und „Deutschland in der Bronzezeit" (1996). Von 2001 bis 2006 betätigte sich Ernst Probst als Buchverleger sowie zeitweise als internationaler Fossilienhändler und Antiquitätenhändler. Insgesamt veröffentlichte er mehr als 300 Bücher, Taschenbücher, Broschüren und über 300 E-Books.

www.ingramcontent.com/pod-product-compliance
Lightning Source LLC
Chambersburg PA
CBHW070803220526
45466CB00002B/520